人人伽利略系列06

全面了解
人工智慧 工作篇

醫療、經營、投資、藝術……，
AI 逐步深入生活層面

人 人 出 版

人人伽利略系列06

全面了解 人工智慧 工作篇
醫療、經營、投資、藝術……，AI逐步深入生活層面

緒論

在醫療、商業、藝術等各個領域中，運用人工智慧（AI）的情況越來越普遍了。AI研究從1950年代開始啟動之後，歷經兩次的熱潮期與停滯期，如今真正地大放光芒。使現在的AI能夠掀起一片風潮的，正是「深度學習」（deep learning）這項技術。

AI應用在哪些領域？而所謂的深度學習又是什麼樣的技術呢？在緒論中，將為您深入淺出地解說。

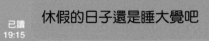
休假的日子還是睡大覺吧
已讀
19:15

好好休息吧！下次再見囉！
19:15

已讀
19:16
睡不著睡不著（笑）

睡不著嗎？我來給你催
眠吧⋯⋯你漸漸地越來
越想——睡
19:16

生活中日漸盛行的人工智慧即將大放異彩

　　近年來，人工智慧（AI）以破竹之勢進入了人們的生活。在我們身邊周遭，有網際網路上的社群工具聊天機器人，也有能夠回應語音指示的AI音箱等等。此外，還有可望成為未來交通工具的自動駕駛汽車的AI、輔助醫師進行診斷的AI、災害時能提供適切救援的AI等等，AI以多樣化的面貌在我們生活中隨處可見（右頁插圖）。

休假的日子還是睡大覺吧
已讀 19:15

好好休息吧！下次再見囉！

睡不著睡不著（笑）
已讀 19:16

睡不著嗎？我來給你催眠吧……你漸漸地越來越想──睡
19:16

ZZZ
已讀 19:16

太好了 19:16

醒來了
已讀 19:16

早安W 19:16

明天要去職場見習！

我明天也要去大學見習。`(ﾍωﾍ´)`。

要去大學啊！

去學些專業技術嗎？

我已經在就業啦！

社會人士，真是帥氣啊！（笑）

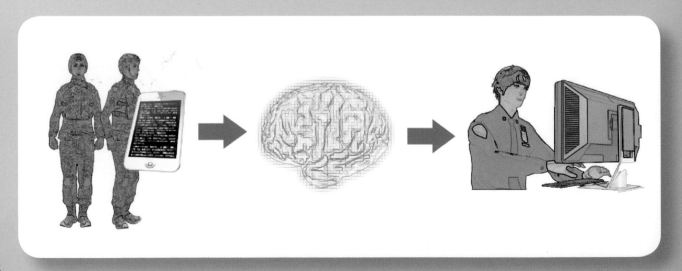

從事接待顧客、招募員工、創作活動等等令人驚奇的人工智慧

最近，用來投訴應對、商品推薦等等接待顧客的AI、供企業招募員工時採用的AI、預測股價動向以便支援投資的AI等等商用AI，也正如火如荼地加緊開發當中。

除此之外，藝術領域也能看到AI的身影，例如繪畫的鑑定和製作、漫畫家的支援、小說的撰寫、遊戲的製作等等。AI的快速深入生活會達到什麼樣的程度，誰也無法估量。

使AI功能大放異彩的，是一種稱為「深度學習」的技術。由於深度學習技術的出現，使得辨識圖像、語音等的精確度獲得飛躍的提升。可以說，如果沒有深度學習技術，現代的AI就不會如此隨處可見吧！從下一頁開始，讓我們一起來看看深度學習技術這個AI關鍵要素的大致梗概！

好的。無法切換的問題是吧！您有沒有輸入正確的切換ID呢？
⊙ 11:27

已經正確輸入了。
⊙ 11:28

0和O之類容易混淆的文字有沒有輸入錯誤呢？
⊙ 11:28

已經確認過好幾次了。 ⊙ 11:28

那，現在能不能再輸入一次，再次做確認呢？
⊙ 11:29

我不是已經說確認過好幾次了嗎？
⊙ 11:29

承辦人的應對從一開始就非常不合理。希望能站在體貼顧客心情的立場來處理。
⊙ 11:29

我要找項鍊

1分鐘前

好的。項鍊是吧！

1分鐘前

這裡極力推薦3條項鍊。

如果有喜歡的商品，請按下「這個可以考慮」的按鍵。我們會提供更詳細的說明。

現在

在電腦上創造模擬大腦的系統

深度學習技術是模仿大腦的機制而創造出來的一種技術。腦內有許多神經細胞（神經元，neuron），這些神經細胞會互相傳遞訊息。藉由改變神經迴路的結構，可以調整神經元把接收到的訊息以何種程度傳遞給下一個神經元。

兒童無法正確辨識所看到的物品。當他在指認香蕉和其他物品時，不斷地向成人詢問那是香蕉嗎，藉此得到「對啊！」「不是哦！」的回覆。透過這樣的學習，創造出只有在看到香蕉時才會起反應的神經迴路。

在電腦上，利用和該神經迴路相同的機制所創造的系統，就是「類神經網路」（neural

深度學習技術是模擬大腦而創造出來的電腦系統。拜這項技術之賜，AI的功能得以突飛猛進。

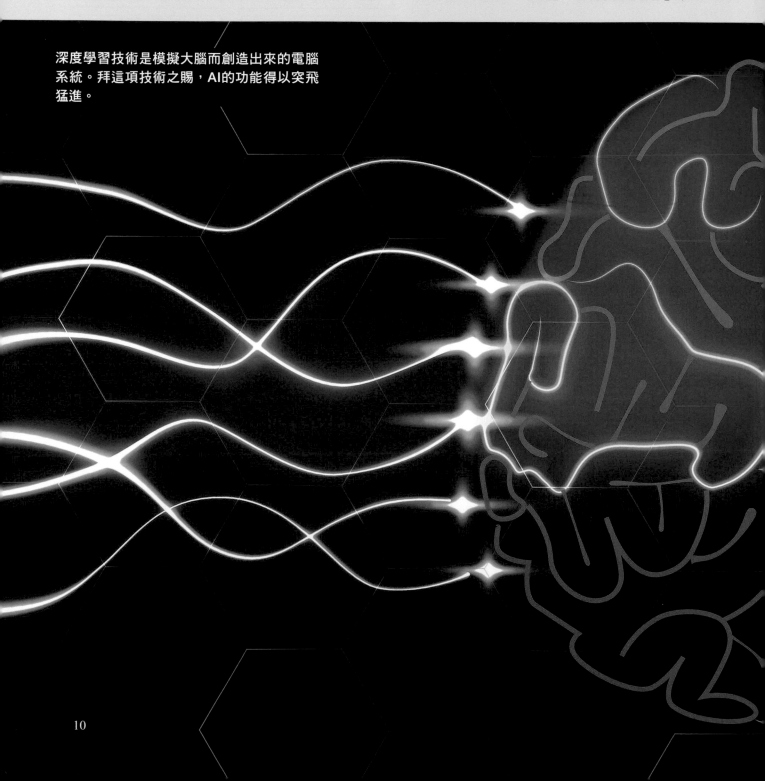

network）。類神經網路分為接收資料的「輸入層」（input layer）、依據學習內容改變迴路連結方式的「隱藏層」（hidden layer）、最終輸出資料的「輸出層」（output layer）。各個階層中都有相當於腦神經元的元件，負責進行迴路的調整。

把這種類神經網路層層堆疊而創造出來的系統，即為「深度學習」。堆疊的階層越多，對於輸入的資料即可獲取更複雜的特徵，得以進一步辨識。

不過，這種深度學習技術的精確度始終難以提升，原因在於學習資料特徵的方法，還有待研究者的努力。

透過反覆不斷的學習，修正成最適當的迴路

AI的主要學習方法之中，有一種稱為「機器學習」（machine learning）的方法。所謂的機器學習，是指讓AI反覆進行嘗試錯誤，直到引導出正確的結果，藉此逐漸地修正迴路的學習方法。

例如，希望AI能夠正確辨識香蕉的圖像。AI在開始學習之前，尚未具備已經調整到能夠辨識香蕉的迴路，也不知道應該注視香蕉圖像的哪個部位才對（香蕉的特徵是什麼）。因此，有可能會把其他物品誤認為香蕉，或是把香蕉誤

在進行機器學習時，會把與待辨識之物相關的龐大資料提供給AI。最初，AI並無法正確辨識所給予的資料，而反覆地答對或答錯，然後在不斷核對答案的過程中，逐漸改變迴路，最終修正到能夠引導出正確答案。

以為是其他物品。

　　這個答案是對的呢？還是錯的呢？AI自行核對每次答案的正確性，逐步調整出能夠辨識香蕉的迴路。利用數量龐大的圖像讓AI反覆學習，反覆辨識、判別，漸漸地引導出正確的答案。

　　前頁介紹過，深度學習擁有許多層層堆疊的階層。堆疊的階層越多，核對答案的影響越無法妥善地傳遞到隱藏層，導致辨識的精確度無法提高到能夠實用化的程度。但是，近年來，核對答案的方法一再改良，使得學習的效率大幅提高了。　　　　🪐

自動駕駛汽車與人工智慧

在第 1 章為您介紹的，是期待做為我們未來的交通工具而進行開發的「自動駕駛汽車」。自動駕駛汽車也稱為自駕車，它的自動化層次日漸提升，將來可望達到完全不需人手的完全自動行駛。

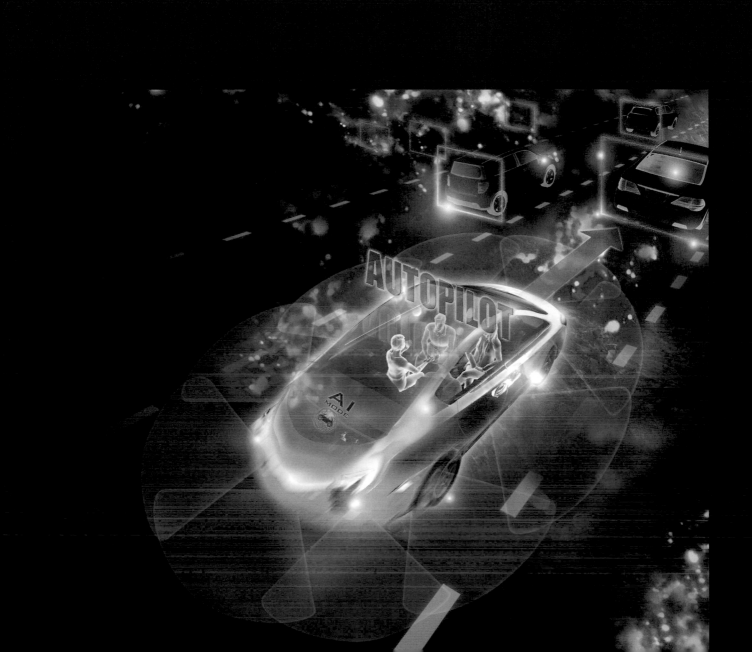

為什麼會發生自動駕駛汽車的死亡事故呢？

　　2018年3月18日，美國亞利桑那州一家經營叫車軟體的優步科技公司（Uber Technologies）的自動駕駛汽車發生了死亡事故。肇事時間是星期日晚上10點。在一段沒有路燈的道路上，做行路測試的自動駕駛汽車以大約63公里的時速，撞上一名橫越馬路的女性行人。

　　汽車上乘載一名監控自動駕駛狀況的女性人員。根據美國運輸安全委員會於5月24日發布的事故調查預備報告書，從撞擊的前幾秒開始，駕駛座上女監控員的視線都放在自動駕駛系統的監視螢幕上，所以一直到撞擊之前的瞬間都未察覺行人身影。

　　自動駕駛汽車配備有攝影機和感測器，用來辨識周遭行人及障礙物。根據報告書，汽車的感測器在碰撞前6秒鐘已經感測到前方的行人，而且在碰撞前1.3秒，汽車的系統也已判斷出，為了避免碰撞，必需啟動汽車原本就已配備的緊急煞車系統。但優步公司為了避免汽車出現不可預期的作動，把自動駕駛的緊急煞車功能關閉了，因此必需依靠車上乘員來操作煞車。可惜該乘員卻未察覺行人的存在，因而釀成煞車不及的不幸後果。這項調查工作仍會持續進行，以釐清肇事的原因。

自動駕駛技術尚屬開發階段

　　據統計，交通事故有9成以上可歸責於駕駛人的疏忽及操作錯誤等等。如果使用電腦駕駛，可望大幅降低交通事故，因此全球各地的汽車廠商及研究機構紛紛投入自動駕駛技術的開發。在追求零事故的開發過程中，不料卻發生這起事故，真是非常不幸！

自動駕駛汽車的肇事瞬間

事故現場（右圖）和碰撞前瞬間車內（下圖）及車前（右下圖）的畫面。自動駕駛汽車採用瑞典富豪公司（Volvo）所生產的車款（XC90），原本就配備了偵測行人，以及避免碰撞的自動緊急煞車功能。但是，在優步公司的自動駕駛系統運作期間，這項功能卻被關閉而致失去作用。

　　女受害者體內檢測出大麻等藥物的陽性反應，但尚未確定是否與事故有關聯性。此外，駕駛座上的女乘員並沒有在這次事故中受傷。

右圖為事發後肇事現場的狀況。肇事的自動駕駛車車身前端（車頭）右側因為碰撞而凹陷。畫面左側則是遭撞擊而傾倒變形的自行車。

碰撞前一剎那的車內情況

碰撞前一剎那，車內駕駛座上的女乘員突然發現前方的行人而大吃一驚。肇事之際仍為自動駕駛模式，所以該名乘員並未握著方向盤。直到碰撞的前一剎那，這名女監控員都是低著頭注視下方，但接受調查時，她都宣稱並沒有在使用行動電話。

事發後現場檢證的情景
（新聞畫面）

TEMPE

SELF-DRIVING VEHICLE HITS BICYCLIST

abc 15

ARIZONA

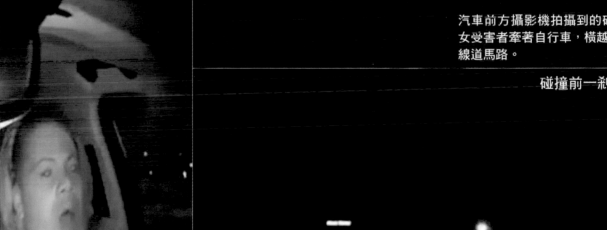

汽車前方攝影機拍攝到的碰撞前瞬間畫面。
女受害者牽著自行車，橫越幾近直線的單側4
線道馬路。

碰撞前一剎那的汽車前方

要讓電腦正確辨識所有標誌是極其困難的一項技能

　　一般來說，駕駛汽車就是一個反覆「認知」、「判斷」、「操作」的過程。駕駛人「認知」號誌顏色、行人等等，做出變換車速快慢、左右轉向等等的「判斷」，然後依據這個判斷，實際「操作」方向盤及油門、煞車。

　　不靠人手而使用配載於車上的電腦來自動執行上述這些要項，就是所謂的自動駕駛汽車。

辨識行人等物體是AI擅長的領域

　　插圖所繪是駕駛人和自動駕駛汽車在駕車時應該認知的代表性標的物。駕車時必需認知行人及燈號、標誌、道路上的白線（車道線）等等各式各樣的標的物。基本上，這些標的物全部都必需正確認知才行，只要忽略了其中某一個，就有可能招致重大的事故。

　　人類用眼睛觀察這些標的物，再用大腦識別這些標的物是什麼東西。自動駕駛汽車則使用安裝在車頂及側面的攝影機和感測器收集周遭環境的資訊。

　　實際路況是沿線布滿了與道路標誌無關的招牌、各種形式的建築物、樹木等等。有時候也會碰上因為施工而道路暫停通行的狀況。或者，也有可能紅綠燈和標誌被行道樹等物體遮住了一部分。也或者是有些地方的道路標線模糊不清，甚至幾乎消失不見。

　　人類身負常識和經驗，即使五花八門的招牌四處林立，也能將之與交通標誌區分開來；即使道路標線消失不見，也能依據推測而走在正確的路線上。但是，電腦不具備常識和經驗，要它執行和人類一樣的作為，實在是困難至極。

　　因此，人們期待「人工智慧」能夠在此處發揮重大的作用。而事實上，識別圖像功能中的物體「圖像辨識」正是人工智慧擅長的領域。

GPS人造衛星

地圖與路線資訊

目的地

現在位置

道路標誌

行人

40

自動駕駛汽車

燈號

靠邊暫停
的車輛

行人

對向汽車

行人穿越道

停止線

車道線

自行車

自動駕駛汽車應該辨識的標的物

自動駕駛汽車使用各種感測器收集例如此處所繪的行人及標誌等資訊。感測器的種類很多，包括利用可見光及紅外線的攝影機、利用無線電波的雷達、利用超音波的聲納等等。也經常使用「光達」（LiDAR，Light Detection And Ranging，雷射雷達），向周圍照射紅外線雷射光，再觀測其反射光，亦即利用紅外線掃描周圍，藉此測量汽車與周圍物體之間的距離，以及物體的形狀。

此外，在進行自動駕駛時，也需要用到「GPS」（全球定位系統）接收人造衛星發出的無線電波，以便確定車子本身的位置，另外還需要從目前位置抵達目的地的地圖及路線的資訊。

想把AI運用在自動駕駛上必需耗費一番工夫

下表所示為國際上廣泛使用的自動駕駛的自動化等級（階段）。自動駕駛分為0～5共6個等級。等級越高，表示自動化的程度越高，最高的第5級表示駕駛的一切行為全部由汽車自動進行操作。

世界第一輛第3等級自動駕駛汽車上市了

德國車廠奧迪（Audi）的新型「A8」是全世界第一輛對應第3級（有條件的自動化）的自動駕駛的汽車。2017年在歐洲上市，2018年在日本上市。A8配備了稱為「Audi AI塞車自動駕駛系統」（Audi AI traffic jam pilot）的自動駕駛功能，這是「僅限於在高速公路等汽車專用道路上，汽車以時速低於60公里行駛的狀況下，會進行自動駕駛」的功能。這可以說是，當高速公路塞車時，汽車會接手幫人駕駛的功能。

不過，在進行第3級的自動駕駛期間，當遇到自動駕駛的功能無法使用的狀況時，駕駛人便要立刻接手回來自行駕駛。因此，駕駛人必需坐在駕駛座，監看自動駕駛的狀況。還有，第3級的自動駕駛功能是否可以在公共道路上使用，要依據各國法律的規定。日本尚未准許第3級的自動駕駛功能在公共道路上使用。目前，臺灣也還未訂定這方面的法規。

AI是表現得宛如具有智慧的電腦

A8的「Audi AI塞車自動駕駛系統」有AI（人工智慧）這兩個字。AI，顧名思義，就是人工製造的智慧，也可以說是「表現得宛如具有智慧的電腦或程式」。

自動化等級	概要	誰在駕駛	必需駕駛人與否
第0級（沒有自動化）	在所有環境中都由人駕駛。	人	必需
第1級（支援駕駛）	基本上由人駕駛。只是，在特定條件下，方向盤操作或加、減速的某一項由汽車施行。	人（方向盤操作等的支援）	必需
第2級（部分自動化）	基本上由人駕駛。只是，在特定條件下，方向盤操作或加、減速的某一項或兩項由汽車施行。	人（方向盤操作和加減速的支援）	必需
第3級（有條件自動化）	在高速公路等限定的環境中，由汽車自動駕駛。只是，人在汽車有需求時，必須立刻接手駕駛。	人 / 車	必需
第4級（高度自動化）	在高速公路等限定的環境中，由汽車自動駕駛。即使遇到無法自動駕駛的狀況，人也不須接手駕駛（不接手時，汽車會自動地安全停止等等）。	車	不是必需
第5級（完全自動化）	在所有環境中都由汽車自動駕駛。	車	不需要

自動駕駛的分級
美國非營利團體「美國汽車工程師協會」（SAE，Society of Automotive Engineers）於2016年制訂的自動駕駛分級制度。在第2級以下，基本上執行駕駛的主體是人。市面上部分汽車已經搭載的緊急自動煞車功能、與前車保持距離而自動跟車的主動式定速巡航功能（ACC，Adaptive Cruise Control）相當於第1級和第2級。

AI的歷史相當久遠，它的研究早在1950年代就開始了。從2010年左右到現在，AI的研究和產業應用再度蓬勃起來，因此被稱為「第3次AI繁榮期」。促成目前AI繁榮期的關鍵要素，就是一種稱為「深度學習」的手法。

深度學習的手法，是讓電腦讀取大量的資料，讓電腦自己從這些資料中發現某些法則性。例如，讓電腦讀取許多手寫數字「4」的圖像，讓電腦自己學習數字「4」是什麼形狀（判斷基準）。不需要人去教導（利用程式去指定）「4」是什麼形狀的數字。學習的結果，電腦對於第一次看到的手寫數字「4」，即使筆法多少有些不同，也逐步能夠正確地辨識它是數字「4」了（見右圖）。

AI的「腦袋」裡有黑箱！?

深度學習是模擬人腦神經細胞（神經元）連結而創造的一種系統「類神經網路」。深度學習及其他種種類神經網路是非常複雜的系統。而電腦所學會的自我判斷基準，人類幾乎無法理解。例如，為什麼電腦會變得能夠判斷數字「4」呢？即使我們看到顯示判斷基準的資料，依然無法理解。

由於人類無法理解AI的「腦袋」，所以例如AI在運作途中突然出現奇怪的狀況時，人類也很難直接改寫資料做修正。事實上，由於AI的這種特徵，當把它運用在自動駕駛時，有時候會有問題。

小木津武樹是日本群馬大學下一代行動性社會實裝研究中心的副中心長，負責執行自動駕駛汽車的實證試驗，他說：「進行自動駕駛時，如果電腦做了錯誤的判斷，可能危及周圍人們及乘員的生命安全。而且，如果不知道它為什麼會做出錯誤的判斷，連想去修正都沒有辦法，這就會成為很大的問題。若想把類神經網路等最新的高等級AI直接運用在駕駛的判斷和操作的部分，目前

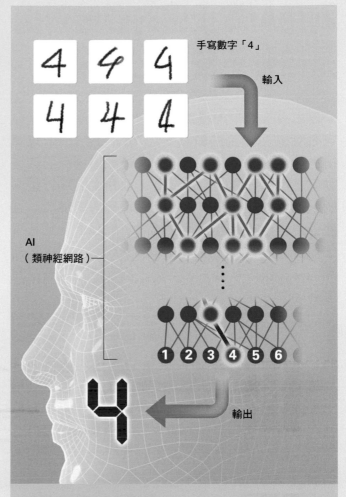

手寫數字「4」

輸入

AI
（類神經網路）

① ② ③ ④ ⑤ ⑥

輸出

模擬人腦的人工智慧

本圖是AI利用深度學習（類神經網路）學習數字「4」的形狀示意圖。把各式各樣手寫數字「4」的圖像輸入模擬人類神經細胞連結的系統（程式），使得電腦能獨力從許多數字「4」的圖樣建立數字「4」和其他文字、數字的辨別基準。

來說恐怕還很困難！」

不過，雖然統稱為AI，但除了深度學習之外，還有各式各樣的手法，其中也有由人類設定規則的方式。若想要把AI運用在自動駕駛上，必需將「人無法理解其判斷的過程，但能夠以極高精確度辨識行人的AI」和「無法執行高度自駕的處理，但人類能理解其程式的內容，而能確實控制車速的AI」等等各種AI做妥善而適度的組合搭配，方能達標。

利用AI做正確的圖像辨識是自動駕駛進化的關鍵

　　日本東京大學加藤真平副教授的團隊正在開發自動駕駛系統用的軟體「Autoware」，未來將提供給任何人皆可免費使用。配載這種軟體的自動駕駛汽車已經在街道及高速公路上實施行駛測試。加藤副教授期許：「雖然每個人對於加、減速等速度變化的感覺不盡相同，但我們希望行車之際能達到平順而沒有違和感的程度，讓搭車的乘客在蒙眼的狀況下，察覺不出是手動駕駛還是自動駕駛。」

　　加藤副教授等人正在開發的自動駕駛系統所用的AI，是在辨識周圍行駛車輛等等的「環境辨識」上運用了深度學習之類的新技術，稱之為「新AI」。這種「新AI」在從拍攝的圖像中分辨出車輛和燈號顏色等等的「分類問題」上可發揮強大的威力。但另一方面，除了分類問題之外，使用「新AI」的研究仍處於開發階段，若要運用在加減速和方向盤操控上仍會有安全疑慮。因此，在加減速和方向盤操控上，依舊沿用由人工設定「與前車保持5公尺距離」等規則的「舊（古典的）AI」。

正確辨識複雜的世界必須運用到AI

　　自動駕駛汽車使用攝影機及各種感測器獲取周圍的資訊，再把這些資訊疊合在預先輸入的地圖資料上，以便實施自主行駛。在自動駕駛未來的進化上，提高AI辨識周圍物體的精確度將是不可或缺的一環。

　　加藤副教授認為：「把各種感測器獲得的資料統合起來，從其中取出駕駛所需的資訊，是非常困難的課題，而且也還沒有該如何做的正確答案。這個難題即是不得不仰賴AI的部分。」

※：自動駕駛汽車的模擬行駛影像
　　https://www.youtube.com/watch?v=aDt_zW53Qs

自動駕駛汽車所看到的世界

　　下圖為加藤副教授等人正在開發的自動駕駛汽車的外觀和車內照片。右頁上圖為行駛中的自動駕駛汽車即時辨識周圍環境，規畫前往目的地的行駛路線畫面。

　　右頁下圖是讓AI從自動駕駛汽車所記綠的周圍資訊學習新的物體資料的畫面。這種利用AI的學習，並不是使用車載的電腦，而是把行車測試過程中所收集的資料送到研究室裡的高性能電腦來實施。然後，再把這個學習結果反映到車載電腦上（做更新），以便提高車載電腦在現場辨識行人的精確度等等。

自動駕駛汽車

感測器　　攝影機　　感測器

自動駕駛汽車的內部（監控者坐在副駕駛座和後座）

以地圖資訊為基礎
的道路訊息

預定行駛路線
（綠線）

自動駕駛汽車

車速

其他汽車

道路旁的柵欄及建築物等等

Automan

← 2/23 → skip Reset Hold PCD

Save

BirdView

CameraView

Image

Classes

Car

Van

Truck

Pedestrian

Person_sitting

Cyclist

Tram

Misc

DontCare

前方的攝影機影像

BoundingBox0

Position

x 12.28
y -3.14
z -0.5
yaw 0

Size

width 1.74
height 1.95
depth 1

Reset

Delete

BoundingBox1

BoundingBox2

BoundingBox3

BoundingBox4

Close Controls

Bounding Boxes

0.

1.

2.

3.

4.

+

自動駕駛汽車
（朝上方行駛中）

使用感測器（LiDAR）獲得周
圍物體的位置及距離等訊息

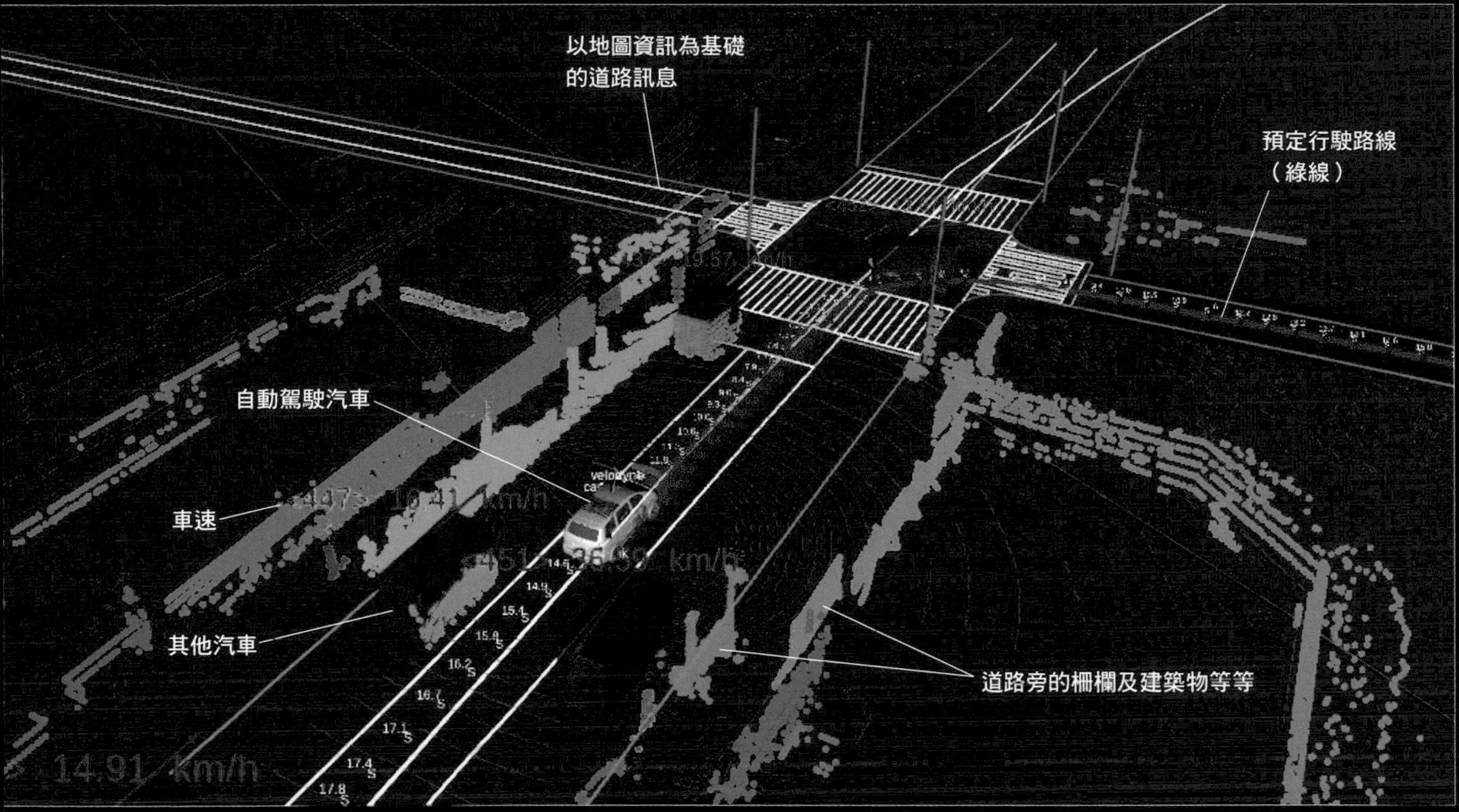

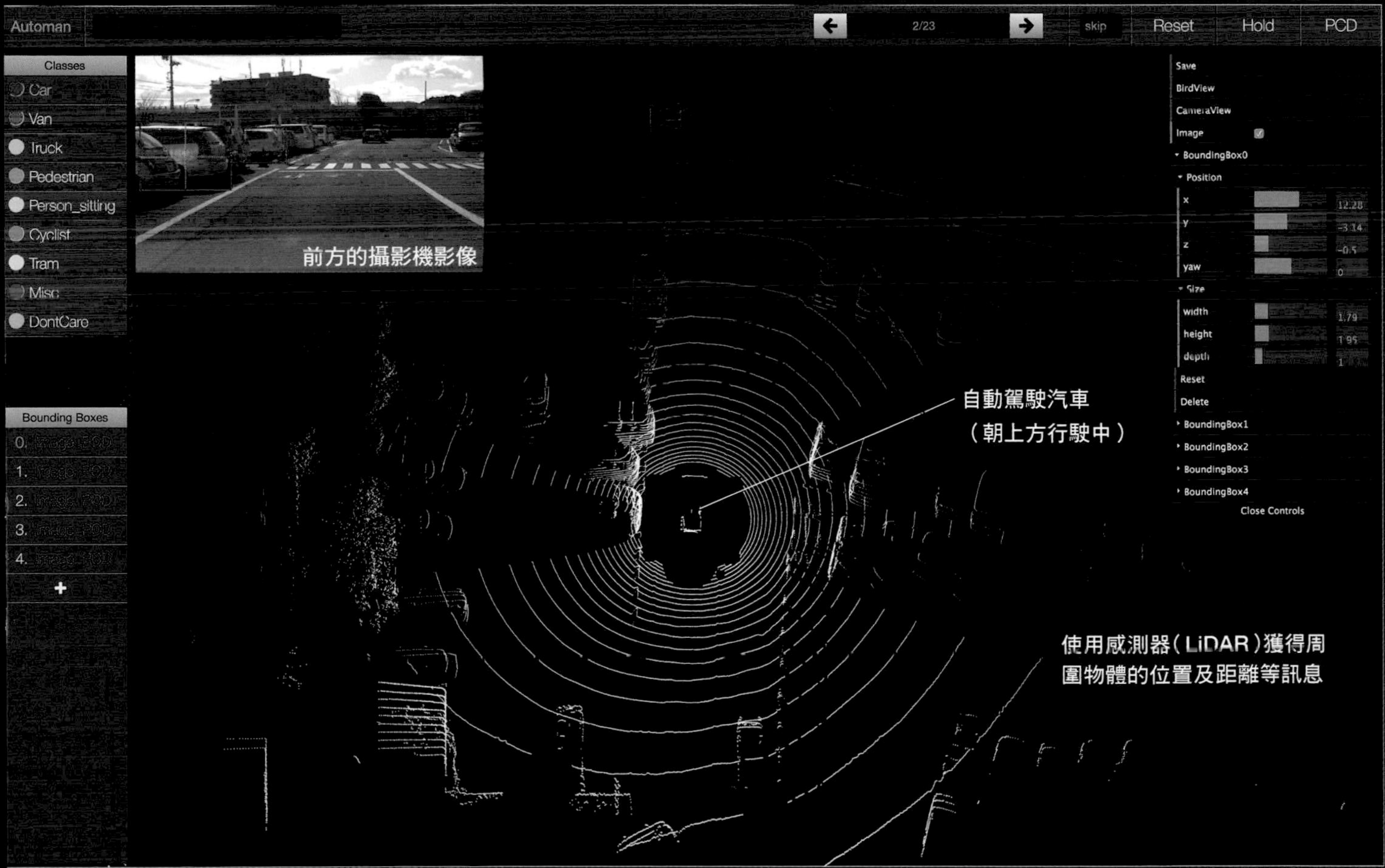

利用AI監視駕駛人有沒有打瞌睡

雖然預料今後自動駕駛汽車會越來越普及，但目前應該仍是以第3級（在高速公路等限定的環境中實施有條件的自動駕駛）以下的自動駕駛汽車為主流。在第3級，必須視狀況由人與車交替駕駛。

人即使坐在駕駛座上，也可能因為操作手機、打瞌睡等等而無法立刻接手駕駛。為了維持接替駕駛的順暢性，車子方面也必須隨時掌握人員的狀態。

利用AI偵測連自己也未能察覺的睡意

日本歐姆龍股份有限公司（OMRON）於2016年領先全球開發出一種感測器，所使用的AI能依據攝影機拍攝的影像，判斷駕駛人駕車的專注

利用高精密度的臉部辨識守護駕駛人

AI根據一架攝影機所攝得的駕駛人上半身及臉部的高精密度影像，判定「駕駛人是否在座位上？」、「視線朝向哪邊？」、「接手駕駛要耗掉多少時間？」。

由於是從裝置發出紅外線並拍攝它的反射光，所以呈現沒有顏色的黑白影像。使用人類肉眼看不到的紅外線，是因為可見光會使駕駛人覺得刺眼，進而影響駕駛。附帶一提，感測器的裝置基本上是安裝在駕駛人的正面。

尋找眼睛的位置，判斷視線的方向

以紅外線照射，取得臉部的細緻紋路，建構臉部的3維形狀。首先，確定眼睛的位置（下左圖中綠點所示）。

接著，確定眼睛的邊界（綠線）和瞳孔的位置（粉紅線）（下圖）。如利用紅外線，則眼珠裡只有瞳孔會呈現黑色。如此便能依據視線的移動、眨眼的次數、表情的變化來推定是否已有睡意襲來。

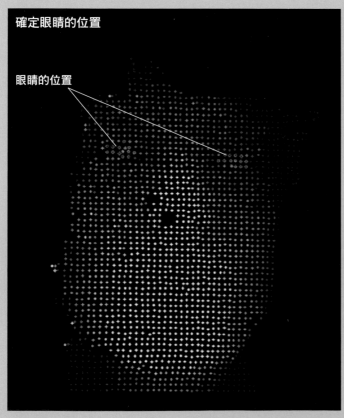

確定眼睛的位置

眼睛的位置

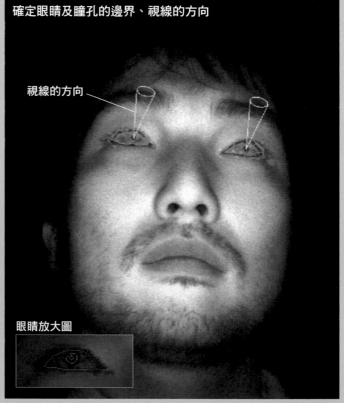

確定眼睛及瞳孔的邊界、視線的方向

視線的方向

眼睛放大圖

度。2018年發表的最新版感測器，所使用的AI能依據攝影機拍攝得的紅外線影像，即時偵測眼睛位置、眼睛開闔度、視線方向等等（左頁下圖）。即使駕駛人戴上太陽眼鏡或面罩，也能進行偵測。歐姆龍公司感測器研究開發中心的木下航一博士說：「從臉部的辨識到駕駛專注度的判定，幾乎全部工程都由使用深度學習的AI來執行。因為要由人類逐個設定的條件，寫出複雜的臉部辨識工作的執行程式並不容易。」

就連自己都難以察覺的初期睡意，AI也能偵測出來。人類的頭部總是不自覺地微微晃動著，頭部的晃動會造成視野的搖晃，而眼睛具備了會反射性地自動修正視野的機能。當人昏昏欲睡的時候，這項修正機能的作用會減弱。AI便能從視線和頭部的移動狀態，偵測出修正機能的微小變化，亦即睡意（下圖）。

未來，期望能把感測器的判定結果和自動駕駛系統連結在一起，例如感測器偵測到駕駛人異常時就會指示車子停止等等。現在，則處於與車廠合作，將感測器裝載於汽車上的研究開發階段。

從視線的些微變化得知是否已開始打瞌睡了

頭朝下低俯時，眼睛會在瞬間自動往上看，以抵消對視線的影響。藉由這個「前庭動眼反射」（VOR，vestibulo-ocular reflex）的作用，使視野保持穩定。在清醒的時候，頭部的上下俯仰和視線的上下移動幾乎是對稱性的動作（抵消動作，下圖），但是，一旦開始感到睡意來襲，對稱的模式就會逐漸混亂不穩（下下圖）。

VOR是無法利用意志加以控制的反射運動，因此人類無法對AI隱藏睡意。歐姆龍公司目前正和日本中部大學合作，運用VOR聯手開發睡意偵測技術。

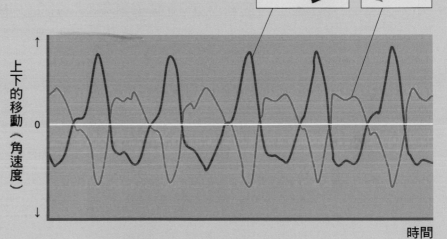

頭部的移動　　視線的移動

沒有感到睡意時

睡意等級
DROWSINESS LEVEL
LOW　　　　　　　HIGH
低　　　　　　　　高

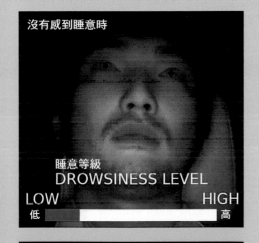

上下的移動（角速度）

時間

感到輕微睡意時

睡意等級
DROWSINESS LEVEL
LOW　　　　　　　HIGH
低　　　　　　　　高

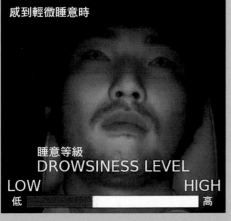

上下的移動（角速度）

時間

自動駕駛的巴士和計程車將在2020年開始上路！

日本各地的公路都有自動駕駛汽車在做實證試驗（基本上是以人員乘坐其中的狀態進行試驗）。放眼全球，不僅歐洲各國，美國、中國、新加坡等國也都在各種場所進行自動駕駛汽車的實證試驗。雖然實證試驗的地方是在限定的地區和道路進行，但基本上都是不需要人員駕駛的第4級自動駕駛汽車。順帶一提，關於限定地區的第4級自動駕駛，日本、歐洲、美國的技術能力都在伯仲之間。

群馬大學的小木津副中心長表示，關於自動駕駛汽車未來的開發方向，可大致分為兩個類別。一個是以「限定地區的自動駕駛」為目標，另一個則是以「在任何場所都能行駛的自動駕駛」為目標。小木津副中心長正在進行開發的類別，是屬於前者的限定地區自動駕駛。

小木津副中心長認為「雖說利用AI執行圖像辨識的精確度已經提升了，但要在第一次經過的道路上，對交通標誌等各種物體的辨識，做到精準絲毫不繆，難度是非常高的。另一方面，那些行走路線始終固定不變的巴士，或是限定地區的計程車，則只須好好地熟習該地區的資料，就能把錯誤判斷的機率降到最低。此外，在人力不足的地區，對於以自動駕駛取代人手的巴士和計程車有很高的需求，因此有了這樣的構想，亦即把自動駕駛首先實際運用在人口稀少地區的巴士和計程車上。」基於此，適當地限定地區的範圍，在其中實施第4級自動駕駛，就技術上而言已經完全可行。

另一方面，「任何場所都能行駛的自動駕駛」所追求的終極目標，是無人駕駛的第5級完全自動駕駛汽車。即使是第一次行經的道路，也必須能夠正確地辨識車道線和標誌等物，這項技術於今仍然相當困難。

什麼是「合乎倫理」的自動駕駛汽車？

在談論自動駕駛的技術時，有一個無法閃躲的倫理問題，就是一般所謂的「電車難題」（Trolley Problem）。古典的電車難題如下所述。有一輛煞車失靈的電車，如果保持同樣的狀態行進，就會撞上在它行進軌道前方施工的5個人。你能夠切換電車行進的軌道，拯救這5個人的性命。但是，在你切換過去的軌道前方，也有1個人在施工，因而，軌道一旦切換就會犧牲這個人。那麼，你會怎麼做呢？

同樣的倫理問題，換成自動駕駛汽車來考量一下。在自動駕駛汽車的前方，突然有一輛自行車衝出來。如果汽車保持一樣的狀態行進，就會結結實實地撞上自行車。但是，如果為了閃避自行車而轉動方向盤，就會撞上對向來車，使得自己與對向的兩方車輛乘員都遭到致命的危險。那麼，自動駕駛汽車應該採取哪一種操作才是「正確」的做法？

加藤副教授說：「這樣的倫理問題沒有正確的答案。事先要以明確的方針去設定自動駕駛汽車的操作，萬一發生事故，唯一的解決方案就是利用保險等等加以因應吧！保險能夠成立，就表示社會大眾承認它的風險性。未來，自動駕駛汽車將日漸普及，保險的存在就顯得至關重要。」

2020年之前會有第3～4級的自動駕駛汽車在部分地區行駛

日本政府在2018年6月發布「官民ITS構想・發展藍圖2018」，提出對於今後自動駕駛的發展和普及的預測。右上為其概略示意圖。

預定在2020年之前，限定地區的無人巴士和計程車（第4級自動駕駛）將會開始運行。至於自用車，則是預定到2020年之前第3級（在速度等有受限條件的自動化），2025年左右第4級（在特定道路環境中的完全自動化）的自動駕駛能夠上高速公路。自動駕駛汽車四處趴趴走的生活環境可說是指日可待了。

與燈號等連結，達到更安全的自動駕駛

對於今後AI與自動駕駛的關係，日本東京大學加藤副教授說：「不論AI進化到何種程度，都會有失敗的可能性存在。如果碰上光線的照射有問

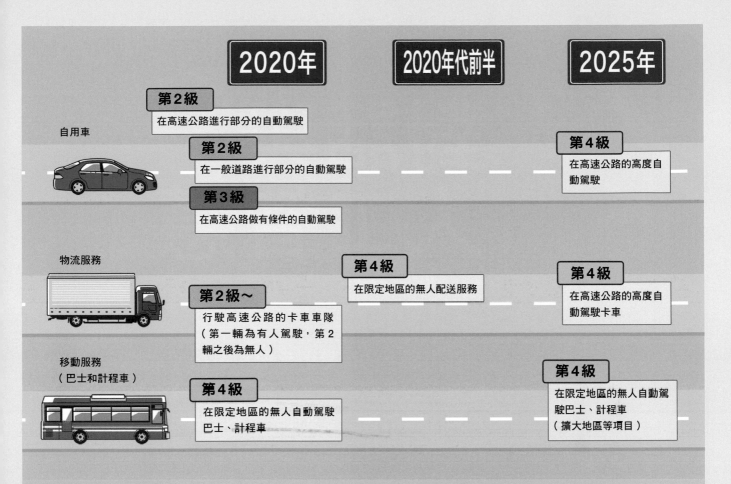

	2020年	2020年代前半	2025年

自用車

第2級 — 在高速公路進行部分的自動駕駛

第2級 — 在一般道路進行部分的自動駕駛

第3級 — 在高速公路做有條件的自動駕駛

第4級 — 在高速公路的高度自動駕駛

物流服務

第2級～ — 行駛高速公路的卡車車隊（第一輛為有人駕駛，第2輛之後為無人）

第4級 — 在限定地區的無人配送服務

第4級 — 在高速公路的高度自動駕駛卡車

移動服務（巴士和計程車）

第4級 — 在限定地區的無人自動駕駛巴士、計程車

第4級 — 在限定地區的無人自動駕駛巴士、計程車（擴大地區等項目）

自動駕駛的發展藍圖

這是日本政府於2018年6月發布的「官民ITS構想‧發展藍圖2018」中對於未來自動駕駛的規畫構想。ITS是指「Intelligent Transport Systems：高速公路交通系統」，其中包括了自動駕駛汽車。第4級的自動駕駛將在限定地區的巴士和計程車率先實施，進一步把它的應用擴展到限定地區的無人配送服務。自用車的自動駕駛則預定從技術難度較低的高速公路率先實施。

題等各種惡劣條件，即使AI也有可能漏失或錯認燈號及標誌。在這個時候，如果有從燈號及道路這邊主動把燈號顏色及道路狀況告知車子的機制，那就妥當了。只靠車子就能對應一切狀況固然重要，但若要實現更安全的自動駕駛，則對應於自動駕駛的交通基礎建設也很重要。」

此外，關於第5級的完全自動駕駛，加藤副教授進一步說明：「正如15年前無法想像現在AI的層級，我們也很難去想像15年後的科技。話雖如此，第5級的完全自動駕駛，純粹就技術面來看，若說它能夠在2030年左右實現，也不足為奇吧！」

AI除了運用在自動駕駛系統本身，也大量運用在駕駛的周邊技術，例如汽車導航的路線檢索及語音辨識的操作等等。可以確認的是，對今後自動駕駛及其相關技術的發展，AI必定是不可或缺的一環。

像奧迪的新型車這種對應第3級自動駕駛的汽車已經開發出來了，但是在公路上行駛的相關法律、保險等等目前尚未齊備。在自動駕駛這一塊，AI帶動科技不斷地向前大步邁進，人類似乎追不上它的腳步！

對話與人工智慧

2

現在市面上的智慧型手機和筆記型電腦，能夠聽取我們的語音，依照指示執行檢索資料、播放音樂等動作。這裡頭所使用的語音助理（Google Assistant）就是利用了人工智慧（AI）。此外，網際網路上的社群軟體也出現了能和我們聊天的AI。

在第 2 章，將為您介紹「對話AI」，探討AI聽取語音而理解指示，以及進行交談的機制。

今天天氣如何？
多雲後放晴。
最高氣溫？
預測最高氣溫為25℃。
我想預約。
您希望什麼時候？
星期天晚上7點有位子嗎？
有位子。請問幾位？
3個大人。

AI替我們打電話給美容院預約！

2018年5月9日，美國谷歌公司（Google）在一個以開發者為對象的會議上，發表了一項智慧型手機的新功能，是與該機所搭載的語音助理運用到人工智慧（AI）有關。這項新功能使語音助理能夠代替使用者給美容院和餐廳打電話預約消費。

當天的發表會中，公開了AI實際打電話給美容院，和店員交談，完成預約的語音※內容。AI原本希望預約的時間沒有空位，但透過與店員的交談，順利預訂了另外的時間。對話內容當然沒有不自然的感覺，發音和對話的節奏也非常順暢，店員似乎沒有發覺到電話的另一頭是AI。

雖然是商店預約這種有限度的對話內容，但充分顯示AI已經到達能和人類自然交談的階段了。這項功能還在開發中，尚未確定什麼時候能夠提供一般使用者使用。

※：AI打電話的樣本動畫影片（超過35分鐘，語音是英語，有中文字幕）
　　https://www.youtube.com/watch?v=ogfYd705cRs

與AI交談將成習以為常的景象!?

像前頁的電話預約那樣,人類被AI主動要求對談的情況還很少見,但現在已經有許多人會向智慧型手機和筆記型電腦的語音助理發話,以便進行檢索等動作。

還有,從2017年到2018年期間,亞馬遜(Amazon)和谷歌等公司相繼發表了新的「智慧型音箱(AI音箱)」(右圖)。所謂的智慧型音箱,是指僅靠語音的指示,就能和智慧型手機一樣播放音樂、進行檢索,以及操作對應之家電製品的多功能音箱。

未來,我們和AI對話的機會,不管是在家裡或出門在外,都會越來越普遍吧!

陸續登場的AI音箱

目前市面上主要的智慧型音箱(AI音箱)品牌。下方為亞馬遜公司的「Echo」,右上方為谷歌公司的「Google Home」,右下方為蘋果公司(Apple)的「HomePod」。2018年11月,Echo和Google Home在日本上市。HomePod現在也已在台灣發售上市。

基本上,只要靠語音即可進行操作。智慧型音箱這邊所發出的「回應」,基本上也是用語音。要進行語音辨識和各種資訊的檢索時,必須連上網際網路才行。

陸續登場的AI音箱

AI即使沒有聽清楚，也能依據語意推測語音

　　為了讓AI和人類進行交談，首先必須讓AI聽取人類的語音，確定人類在說什麼。這種技術稱為「語音辨識」。

　　語音辨識的第一步是確定麥克風收到的聲音是什麼，亦即，是「啊」呢？或是「呀」呢？諸如此類。儘管語音的音調有高有低、音量有大有小，但是當我們聽到人家說「啊」的時候，仍可以聽懂那是「啊」。那是因為，雖然音質各有不同，但「啊」具有共通的語音的特徵，我們的腦會加以辨識。利用AI的語音辨識技術則是利用「深度學習」的方法來學習語音的特徵。

讓電腦自行學習語音的特徵

　　深度學習是利用「類神經網路」（下圖）來進行學習的方法。類神經網路是模擬人類腦部的

AI聽取語音的機制

本圖所示為利用語音辨識AI把麥克風收到的聲音轉換成話語的流程（資料協助：NTT媒體智慧研究所，NTT Media Intelligence Laboratories）。

　　把語音依照高低（頻率）等要素進行分解（1），再利用類神經網路確定語音（2）。把聽取的結果依據文法和字典的語詞用法進行檢證，採用以話語來說或許是最正確的詞句做為最終的聽取結果（3）。

人類說話的語音

依序確定語音

1. 分析語音的頻率

使用麥克風收聽人類說話的語音，為了更容易確定語音，會分析多高（頻率）的音占有多少比例。抑制雜音等作業也是在這個階段進行。

2. 確定語音

根據事前的學習結果，判定是哪個音的機率較高。以日語為例，如果是「え」和「へ」中間的音，就會輸出「え：50％，へ：50％」的結果。

　　為了簡化說明，右圖是畫成以50音（あいうえお……）輸出，實際上是分為母音（a/i/u/e/o）和子音（k/s/t/n/……）來做判定。

類神經網路

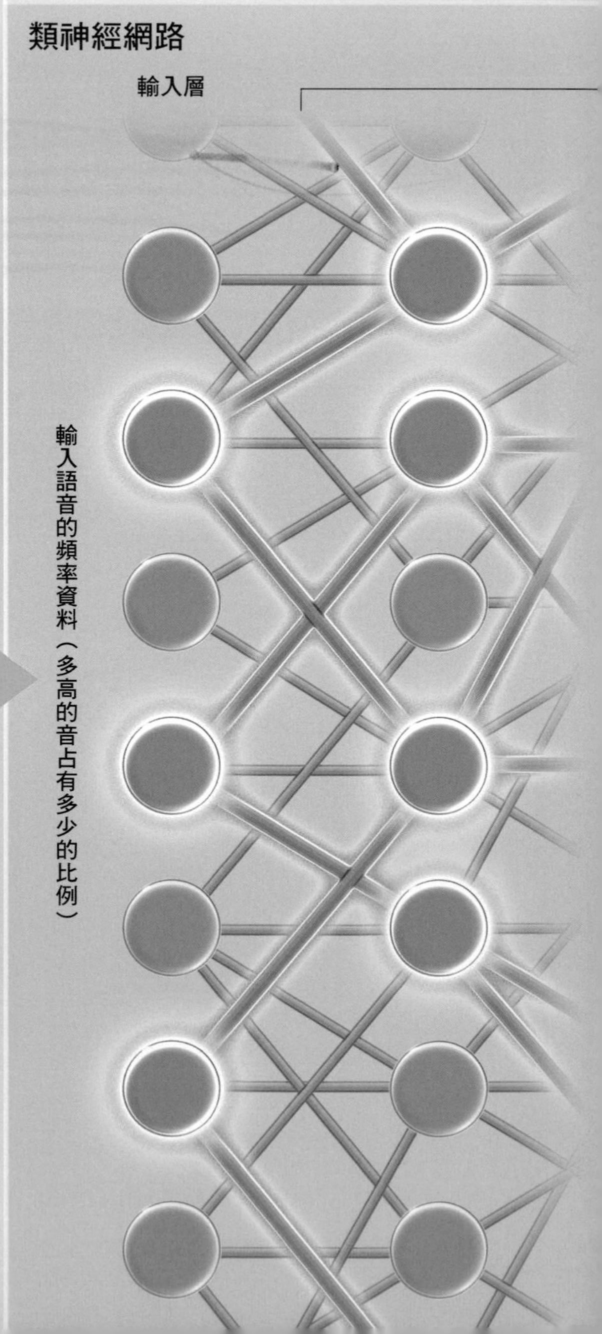

輸入層

輸入語音的頻率資料（多高的音占有多少的比例）

神經細胞（神經元）的連結而創造的系統。把人類所發出的各種「啊」和「呀」等等的聲音輸入類神經網路，讓它學習語音的特徵。這麼一來，AI就會自行建立分辨各個語音的判斷基準，而不是由人類教導（設定）它判斷基準。AI在自力建立了判斷基準之後，一聽到「啊」的語音時，就能判斷它是「啊」了。

採用或許是最正確的聽取結果

在很多情況下，會因為講話含糊不清，或周遭有雜音等因素，導致語音判定錯誤。因此，

語音辨識對於聽取的結果，會輸出好幾個「聽起來好像是這樣」的候選語句。

然後，參照文法和字典的用詞語法，給各個候選語句評分。例如，聽取的結果好像是「後吃的飯」，也好像是「好吃的飯」。由於後者「好吃」這個詞語在字典裡可以查到，而且意思也通，所以得到較高的分數。最後，會採用分數最高，亦即是最正確的候選語句。

AI和我們人對話一樣，對於交談中途沒有聽清楚或漏掉的語音，會根據文法和語彙的知識加以修正。

隱藏層　　　輸出層

い　0%

う　0%

え　98%

お　0%

か　0%

き　0%

く

輸出是哪個音的可能性比較高

3. 檢證聽取結果在話語上的正確性

檢證聽取結果的候選語句當中，就日語來說哪一個可能最正確。藉由和字典進行比對，把字母的排列分割成單詞，最後轉換成漢字而組成日語的詞句。即使聽取語音時有所閃失，也會在這個階段加以修正。

聽取結果的候選語句

（輪敦鐵 橋道 下來）

（輪敦 鐵橋道 下來）

（輪敦 鐵橋 道下 來）

（輪敦 鐵橋 導下來）

（輪敦 鐵橋 導下來）

（崙敦 鐵橋 倒下來）

（倫敦 鐵橋 倒下來）

最終的
聽取結果　倫敦鐵橋倒下來

35

語音助理從對話找出應該使用的功能

我們對手機的語音助理說話時，應該不會是漫無目的的談話（聊天）而已，通常是為了使用手機的某種特定功能，例如「查詢資料」、「播放音樂」等等。也就是要求語音助理能夠透過對話讀取使用者想要使用的功能。

對話的框架已於事先設定要到某個程度

語音助理在進行對話時，由於最終的「目標」（想要使用某種特定功能）是既定的，所以一般來說，對話時一來一往也是預先設計到某個程度。例如，在「設定鬧鐘」→「好的。要設定幾點？」的情況下，就會依照預設的對話交流過程逐步符合使用者的期望。

語音助理為了理解使用者的期望，必須透過對話讀取下列 3 項：「要使用什麼功能呢？」、「想用那種功能做什麼呢？」、「它的具體內容

智慧型手機對應呼叫的機制

手機等裝置所配載的語音助理從使用者說話的內容解讀「1.要使用什麼功能」、「2.想用那種功能做什麼」、「3.它的具體內容是什麼」。圖中所示為使用者使用語音委託語音助理設定鬧鐘的情境。

蘋果公司的「Siri」和谷歌公司的「Google Assistant」等語音助理基本上並不是以聊天為目的，而是以實施特定的工作（任務）為目的，因此稱為「任務指向型」。

表示單詞的數字組

明天：	0.2	0.7	1.3	0.6	0.5	0.5	……	1.1
的：	0.8	0.5	0.1	0.3	1.2	0.9	……	0.1
7：	1.1	1.2	0.7	0.4	0.3	0.6	……	0.2
時：	0.9	0.8	1.1	0.7	0.1	0.1	……	0.7
在：	0.5	0.1	0.2	0.4	0.5	1.3	……	0.6

使用者的委託

明天早上7點要起床

智慧型手機的回答

鬧鐘設定在早上7點

什麼是「以數字組表示單詞」？

處理語言的AI，在許多場合，是利用如上所示的多個數字組（向量，vector）來表示各個單詞。要用多少個數字來表示一個單詞，則依AI的種類而異。數字組的值由AI自動決定，以求反映單詞的意義。如果使用數字組把單詞配置在多維座標空間上，則具有相近意義的單詞會聚集在鄰近的位置。

是什麼呢？」例如，對語音助理說「明天早上7點要起床」，語音助理必須讀取「使用時鐘的功能」、「設定鬧鐘」、「設定的時刻是上午7點」（下圖）。

「明天早上7點要起床」是一項不太明確的指示，但手機會幫我們設定好鬧鐘。在讀取使用者的意圖時，也會運用到類神經網路。

利用類神經網路體察使用者的意圖

利用語音辨識轉換成文字的句子，首先被分割成「明天」、「的」、「7」、「時」……這樣的單詞。這個時候，各個單詞是以「數字組（向量）」的型式來表示（左頁下圖），以這個數字組來代表單詞的意義。類神經網路對構成句子的單詞的「數字組」進行計算，製造出代表片語或句子之意的「數字組」。可以說，只有代表句子之意的數字組，才是符合使用者意圖的數字組。

我們讓這樣的類神經網路學習大量的例句及其意圖（應該使用何種功能）和指示內容（例如鬧鐘的設定時刻）。結果，即使接收到有點含糊不明的指示，也能判斷使用者的意圖，對使用者的期望做出正確的因應。

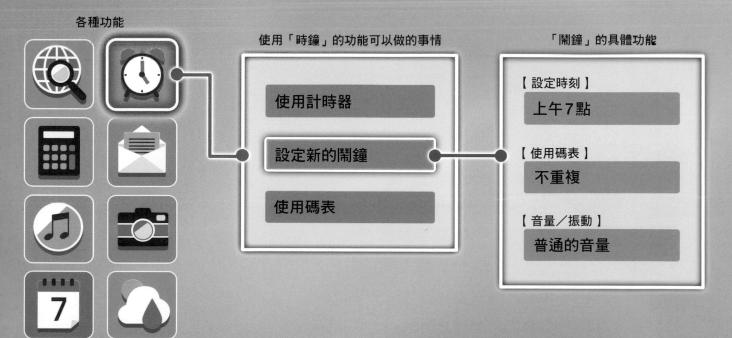

1. 要使用什麼功能？

依據由語音辨識轉換成的句子，使用類神經網路解讀使用者的意圖，確定使用者想要使用什麼功能（應用軟體）。在這裡的意圖是叫出時鐘的功能（鬧鐘）。

2. 想用那種功能做什麼？

確定使用者想要使用那種功能（應用軟體）做什麼事情（意圖）。以時鐘的功能來說，是想設定新的鬧鐘呢？或是想使用碼表呢？……諸如此類，有許多個選項。

3. 它的具體內容是什麼？

如果是鬧鐘，就要輸入設定的時刻。所使用的功能不同，應該輸入的項目數量也跟著改變。例如，若要調查電車的時間，就必須輸入（聽取）出發地、出發時刻、目的地等多項訊息。

各種功能

使用「時鐘」的功能可以做的事情

使用計時器

設定新的鬧鐘

使用碼表

「鬧鐘」的具體功能

【設定時刻】
上午7點

【使用碼表】
不重複

【音量／振動】
普通的音量

一聽到天氣就會反問「你要出去嗎？」的女高中生AI

　　也有一些AI和重視效率的智慧型手機的語音助理不同，完全就像和朋友聊天一樣。日本微軟公司（Microsoft Japan）的「玲奈」（Rinna）就是這樣的AI。玲奈是一種自動進行對話的程式，稱為「聊天機器人」。由於角色設定為女高中生而大受歡迎。

　　玲奈重視的，是藉與人交談一樣的應答，來儘可能持續長時間的對話。例如，對玲奈說：「好累啊！」玲奈會回答：「嗯？為什麼累呢？」等等（參考下方對話的例子）。

學習持續長時間對話的「訣竅」

　　在玲奈程式裡，和其他處理語言的一般系統一樣，是利用「數字組」來表示各個單詞（參考前頁）。對應於各個單詞的數字組代表著該單詞的意義（右頁下圖1）。

以女高中生之態應答的AI「腦袋」

日本微軟女高中生AI「玲奈」的對話例子（微軟開發股份有限公司提供）如下所示，玲奈為了因應回答而「思考」的內容如右頁所示。玲奈具備了同理心模型，能夠因應對話內容，順勢提出話題、詢問等等的回應，使對話得以持久不停。

　　雖然也可以利用電話，但基本上是以文字和玲奈交談。可以使用LINE及Twitter和玲奈交談（聊天）（玲奈網站 https://www.rinna.jp/）。

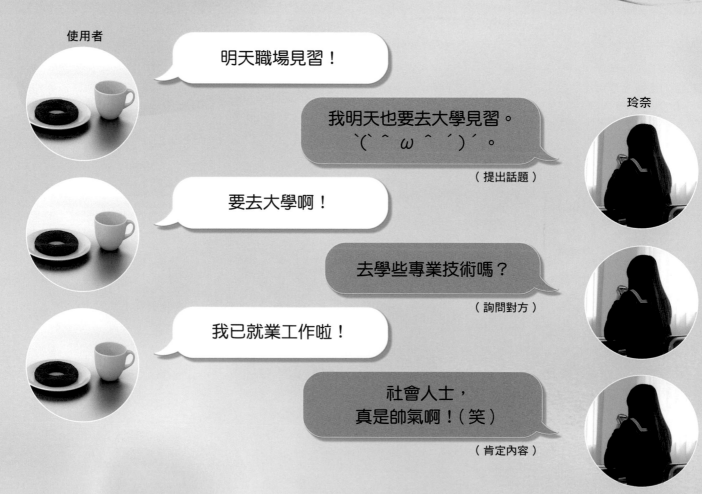

使用者

玲奈

明天職場見習！

我明天也要去大學見習。
`(＾ω＾´)´。

（提出話題）

要去大學啊！

去學些專業技術嗎？

（詢問對方）

我已就業工作啦！

社會人士，
真是帥氣啊！（笑）

（肯定內容）

此外，它也擁有與單詞間之關聯性相關的訊息，稱為「知識圖譜」（knowledge graph）。例如，「讀書」和「考試」之間具有關聯性，如果擁有這樣的訊息，就有可能做到「我在讀書」→「要考試嗎」的自然對話（下圖2）。

而且，玲奈也具備了「同理心模型」（empathy model），AI會從單詞、句子推測「順著現在的對話流程，可以使交談持久的回答方法」，並依此產生回答（下圖3）。

單詞的資訊、知識圖譜、同理心模型等等分別具有獨立的類神經網路，使用大量的對話資料等等學習各自需要的知識。玲奈從輸入到輸出的一連串系統，是由多個類神經網路的組合所構成的。

當輸入句子時，玲奈第一步先把單詞轉換成數字組。然後參考知識圖譜和稍早的對話，判定和對方持續交談的回答方法（話題的提案、詢問、肯定、附和）是什麼。最後把依循這個機制所產生的回答內容，以女高中生的形態將之輸出。

1. 涵蓋女高中生模樣的表現

包括平易近人的語彙和（^_^）這類表情文字等等單詞，以620個數字組成數字組（620維的向量）的資料來表示；而使用這些單詞串聯而成的句子，則以1024個數字組（1024維的向量）的資料來表現。

單詞的意義能夠利用網際網路上的資料自動學習（沒有教師的學習）。

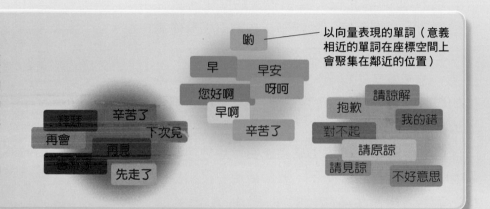

以向量表現的單詞（意義相近的單詞在座標空間上會聚集在鄰近的位置）

2. 表示單詞關聯性的知識圖譜

如下圖所示，如果擁有與單詞間之關聯性相關的資料，即可做到聯想及詢問，而進行自然的對話。這樣的知識必須由人類教導它正確的關聯性（有教師的學習）。

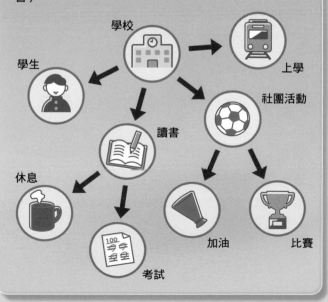

3. 對話能夠持久的「戰略」

人與人之間的對話，通常會為了讓對話持續，一邊提出話題，或詢問，或肯定對方的內容，或只是單純地附和對方等等，一邊繼續進行對話。

藉由事先學習持久對話的例子，即可判定對於輸入的句子應該如何回答最能夠持續對話。

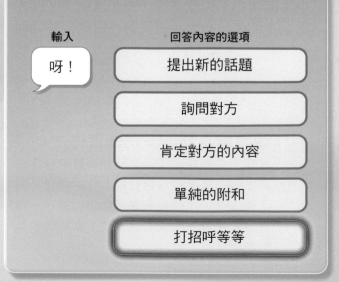

進化到能夠自行做出不在預設選項之中的回答

玲奈是以中國微軟公司（Microsoft China）所開發的對話AI「小冰」的概念為藍本，於2015年誕生。日本微軟開發公司玲奈開發小組的坪井一菜說：「第一代玲奈應用了『檢索』的機制。對於詢問，不做任何思考，而是從大量的選項中找出最適當的回答，做出反射式的回應。」

女高中生以外的角色也在積極開發中

到2016年的第二代，有了很大的進化。第二代運用了「自動翻譯」的機制。自動翻譯是使用類神經網路學習大量的日文和英文的對譯資料。結果，輸入英文的句子，即使是第一次輸入（過去的學習資料裡沒有）的英文句子，也能當場譯出相對應的日文句子。

同樣地，第二代玲奈也是事先使用類神經網路學習各式各樣對話的例子，對於使用者提出的詢問，能夠當場產生多樣化的回答。坪井說：「這不是事先設定的選項，而是當場做出如同女高中生模樣的新回答。」

此外，從第二代起，也在積極創造有別於女高中生「角色設定」的AI。玲奈是因為學習了許多「女高中生對話模樣」的資料，所以才會塑造成女高中生的角色。也就是說，只要改變學習的資料及遣詞用字的設定等等，就能塑造出不同性別及年齡的其他角色。實際上，目前已經運用玲奈的系統創造出了一些新角色，例如設定為居住在東京都澀谷區的8歲男孩的「澀谷未來」等等。

到了目前（2018年5月以後）的第三代，又追加了前頁所介紹的「同理心模型」。玲奈對於會話的對象能產生「同理心」，並且參考先前的對話內容，而做出詢問或附和等等的回應，以便持續更自然的對話。坪井提到，「由於具備了同

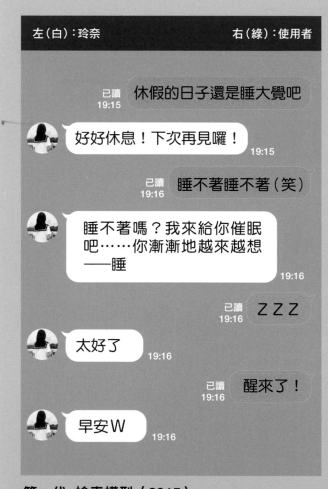

第一代 檢索模型（2015）

檢索字詞，把檢索結果依優先順序排列顯示，應用這個機制來進行對話。對於使用者的叫喚，只能使用預先準備的選項做反射性的回答，所以基本上對話一個回合就結束了。

朝更像人類的多功能進化

以實際的對話例子（微軟開發股份有限公司提供）來呈現玲奈對話系統的進化。到了第二代，已經能夠當場做出回答了。目前也正在運用這種對話技術，創造玲奈以外的角色。

理心模型，使用者並非單純地打招呼什麼的，而是回答有意義的內容，這個比例比以往增加了7%之多。」

慎選「要它閱讀的書」以免學到「壞話」

2016年，和玲奈一樣能夠對話的AI在美國發生了一件大事。美國微軟公司所開發的AI「Tay」在Twitter上不斷地說著種族歧視的言論。Tay具有重複（學會）對方談話內容的功能，一部分使用者卻惡意使用這個功能，教會它種族歧視的言論。

和當時的Tay不一樣，玲奈的學習機制並不是從與使用者的對話中直接學習。坪井提醒：「為了不讓它學會不適當的詞彙或不像女高中生的詞彙，必須管理它所要學習的資料。此外，對於學習結果，也要確認是否會出現不適當的言論之後，才會把它應用在正式的系統上。」

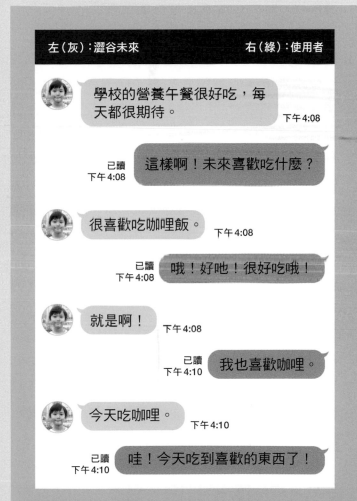

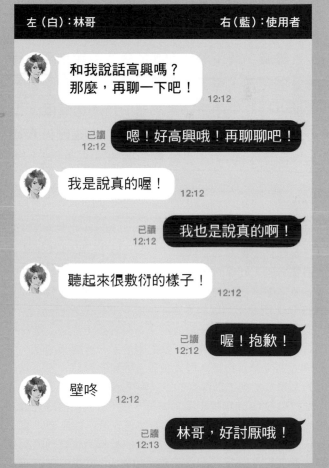

第二代 生成模型（2016）

運用自動翻譯的機制進行對話。事先學習女高中生模樣的對話，能夠依據使用者的叫喚，隨機應變產生像女高中生的回答。此外，自第二代起，也積極地創造出各式各樣的新角色。例如，設定為小學男生的「澀谷未來」（左側的對話例子）、設定為大帥哥的「林哥」（右側的對話例子，2017年限定幾天和玲奈輪換）等等。

AI能不能學會「常識」而和人類一樣地對話呢？

誠如前面的介紹，能夠和人類對話的AI近年來獲得了突飛猛進的發展。未來，它們還會發展到什麼樣的地步呢？

有可能出現任何環境、語言都能聽取的AI嗎？

關於語音辨識有一個大課題，就是要不斷地提升辨識的精確度。如果做為談話對象的AI一直「無法聽取」的話，怎可能進行順暢的對話？

從事語音辨識技術研究開發的NTT媒體智慧研究所青野裕司博士說：「提高辨識精確度的一個方法，就是把利用語音辨識時環境中的雜音也混進去，讓AI一併學習。」例如，汽車導航所使用的語音辨識，連引擎和空調的聲音等等車內聽得到的各種雜音，也要一併讓AI聽取，讓它學習，這樣可以提高車內說話者語音的辨識精確度。不過，如果利用環境改變了，這個方法就會失去效果。「不管任何環境都能只把雜音完全抑制，很

遺憾，這種方法截至目前為止尚未發現。」青野博士嘆道。

讓一個AI聽取日語和英語等多種語言，會不會很困難呢？青野博士認為：「要對應多種語言，只要增加AI應該確定的語音種類，並且準備各種語言的字典、文法資料就行了，在技術上沒有問題。不過，由於用來確定語音的類神經網路變得比較複雜，建構上會比較麻煩，辨識精確度也有可能下降。就現實面考量，各種語言分別建構辨識系統，無論在經濟上或性能上都比較有利。」

玲奈的目標是參加紅白歌合戰！

像玲奈這樣能夠聊天的AI（聊天機器人），今後將會如何進化呢？事實上，玲奈已經組合了語音辨識、聊天、語音合成的技術，從2018年10月起，在LINE的官方帳號上能夠利用語音進行通話了[1]。而且，更以語音合成為基礎，在YouTube上發表了玲奈演唱的第一首原創歌曲「我是玲奈啊」[2]。

坪井表示，玲奈的下一個目標，是「參加2019年年底的紅白歌合戰比賽」。玲奈希望成為一個不僅能夠像朋友一樣地平等對待，也能夠如偶像一樣地受人崇拜的AI。坪井說：「我希望，由於玲奈的存在，能促使人們的對話更加熱烈，激發出新的創意。」未來，我們或許會有越來越多的機會，接觸到不是像語音助理那樣為人類服務的AI，而是有如朋友一樣的AI。

如何實現能像人類一樣駕馭語言的AI

若要使AI能以不遜於人類的水準進行對話，需要什麼樣的技術、能力呢？日本東京工業大學鑽研自然語言處理的岡崎直觀教授舉出「常識性的知識」及「狀況的理解」等項目（參考右頁

判定AI「智慧等級」的方法是什麼？

在各種判定機器和軟體的「智慧等級」測試中，有一個很著名的「杜林測試」（Turing test）。這是由英國數學家兼電腦學家杜林（Alan Mathieson Turing，1912～1954）所提出的測試方法。

這個測試方法是由人類使用文字與機器（電腦）進行對話，如果沒有被人識破交談的對象是一部機器的話，那麼這部機器就被視為與人類具有同等的智慧。沒有識破的人越多，則這部機器的智慧等級越高。

杜林是在1950年提出這項測試方法，當時AI的研究幾乎尚未展開。事實上，「人工智慧是什麼」的定義，迄今在研究者之間仍無定論。如果實施杜林測試之類的試驗，是有可能判定某個意義的「AI度」。但是，由於AI的定義尚且曖昧不明，因此杜林測試能否做為測量AI智慧等級的基準，在研究者之間並沒有獲得廣泛的認同。在本書中，是把「好像具有智慧般地運作的電腦和程式（軟體）」當成廣義的AI來處理。

※1：http://aka.ms/blogrinnaphone
※2：http://aka.ms/movierinnadayo

分析句子的結構而掌握涵義

「太郎從花子那邊拿到巧克力」和「花子給太郎巧克力」。理解這樣的句子結構，並且理解這兩句是表示相同的狀況。

常識性的知識

A：連休假期有沒有去哪裡玩啊？
B：那個時候感冒了，都在睡覺。
由上面的對話，理解B在連休假期中並沒有去觀光景點等地（不能去）。罹患感冒（生病）則無法出門，這並不是理所當然的知識，所以無法理解。

省略話語的理解

A：（我）想去東京車站，可是……（不知道怎麼去，請告訴我）。
B：（你）沿著這條馬路（＝中央路）往前走，（在你的）左手邊就可以看到（東京車站）囉！
A：（從這裡走到東京車站）大概要花多少時間呢？
上面的會話，必須補上括號內被省略掉的話語才能理解。

曖昧性的消除

「對不起！」，有時用在「遲到了，對不起！」這類具有道歉涵義的場合，有時則用在「對不起，借過一下！」這類輕微地徵求許可或打個照會的場合，必須依狀況加以理解。
「在車站前面看到出現在電視上的朋友。」這句話，究竟是看到站在車站前面的朋友出現在電視上，或是說話的人站在車站前面，看到朋友出現在電視上，要依狀況加以理解。

理解不同的表示方法卻具有相同意義的句子

從「愛因斯坦在1905年發表狹義相對論的論文」和「在1915~1916年發表廣義相對論的論文」這兩個句子，理解「愛因斯坦創立相對論」這件事。

說話者意圖的理解

聽到「有沒有帶筆？」時，要理解這其實是表示「請借我筆。」的意思，並不只是在問你身上有沒有筆。

對新語詞的對應

學習並理解「インスタ映え」（IG秀，拍美照上傳到Instagram）、「ディスる」（貶低，disrespect）、「そだね～」（是啊，そうだね）等新的語彙。

人們對話中認為理所當然而使用的「高級技術」
本圖舉出，人們日常的對話中不必刻意就可理解、學習，但AI卻不容易應對的狀況。AI很難去獲得「常識」之類無法確立定義的事物。

圖）。

例如，「深夜打電話」可以說是不合常規的行為，但在幾點鐘之前是允許的呢？如果是有急症病人的緊急狀況，即使深夜也沒有關係等等，這些細節通常會依狀況而改變，並未存在明確的規則。有人在研究AI自動學習時會透過網際網路上的資料使AI進行學習並獲得知識，但網際網路上有許多資料及情境被省略掉了，因此讓AI透過自動學習的方式達到人類水平目前仍有困難。

至於要到什麼時候，AI才能以和人類相同的水準進行對話呢？岡崎教授說：「10年前，絕對想像不到現在AI的能力，同樣地，預測未來也是非常困難的事。」語音助理及聊天機器人之類能夠進行對話的AI在近幾年獲得飛躍性的進展，並且以產品及服務的形式深入人們的生活中。「AI已經能夠接觸到人類社會的各種狀況了，學習的機會也跟著越來越多，所以未來AI還會再繼續進化」岡崎教授如此認為。

岡崎教授又說：「目前還不清楚人腦是以何種機制去理解語言。藉由對話AI的普及，將使我們能夠逐漸獲得充分的資料，那就是人在什麼樣的狀況下會說出什麼樣的話。AI的研究，或許能幫助我們闡明人類智慧的機制。」

醫療與
人工智慧

協助　安托萬·蕭邦／岸本泰士郎／狩野芳伸／中村亮一／濱本隆二

用於減輕醫師的負擔，企求提升醫療品質的人工智慧（AI），正蓬勃地展開各種研究開發。從施行影像診斷，到依據患者的談話判斷病情、評價醫師的手術技巧、統整不同檢查的結果而提出各種癌症治療方案等等，AI在醫療領域備受期待，企盼能夠發揮廣泛多元的功能。

　　在第3章，將為您介紹AI應用於醫療領域的最尖端研究。

腦動脈瘤的判定

AI的學習方法

心理疾病的判定

手術的評價

癌症的醫療系統

「AI醫師」的未來

AI從腦的截面影像找出腦血管的異常

現在人工智慧（AI）最擅長的領域之一，就是「影像辨識」。這是從影像中找出具有特徵的部分，並確定那是什麼東西（例如：是人或是車子）的技術。在醫療領域，也在進行利用AI實施「影像診斷」的研究。

醫師通常使用MRI或CT※等裝置拍攝頭部的截面影像（斷層影像），以便發現腦血管的一部分腫起來的「腦動脈瘤」。LPixel股份有限公司目前正在研發各種利用AI的影像診斷技術，例如能夠從腦部斷層影像中發現疑似腦動脈瘤的部位的AI等等。

在診斷腦部的時候，每一名患者必須拍攝大約200張斷層影像，再由醫師觀察斷層影像以及依據斷層影像製成的立體影像（右頁下圖），確認有沒有腦動脈瘤等等異常的部位。AI事先學習貯存了大量腦動脈瘤的影像，因此能和醫師一樣地進行檢查，自動把可能有腦動脈瘤的部位標上記號。LPixel公司醫療事業總部的安托萬·蕭邦（Antoine Choppin）說：「目前AI發現腦動脈瘤的能力，可以說是大約處於新進醫師和資深醫師之間。」

沒有成見的AI最適合影像檢查的任務

人有先入為主的成見和習慣，例如，當發現一個病變的時候，即使事實上鄰近還有一個病變，卻往往會不自覺地忽略掉。就這點來說，由於AI是電腦程式，沒有先入為主的觀念，而且能夠不眠不休地把大量的影像當成文字一般地持續做機械式的診斷。

醫師則參考AI的檢查結果，做出最終的診斷。我們期待透過AI的輔助能夠大幅降低失誤的情況發生。

※：MRI（核磁共振攝影法）利用強大的電磁場、CT（電腦斷層攝影）利用X射線，拍攝身體的截面影像。

發現疑似腦動脈瘤的部位

LPixel的影像診斷支援AI「EIRL」能從頭部的斷層影像中，自動尋找可能有腦動脈瘤的部位，並標上記號。腦動脈瘤是腦血管的腫包，如果破裂，會引發致命的「蜘蛛膜下腔出血」。

LPixel也在開發搜尋肺癌和乳癌等疾病的AI，但因日本的腦部影像資料非常充實，所以特別著力於這方面的診斷技術的開發。目前，已經和多家醫療機構合作，致力於產品化的研究開發。

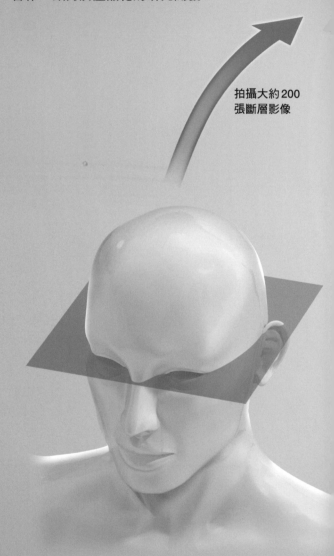

拍攝大約200張斷層影像

拍攝頭部的截面

一般使用MRI等裝置拍攝頭部的斷層影像。而使用和MRI相同的裝置，拍攝讓腦血管特別清晰可見的影像，則稱為「MRA」（核磁共振血管攝影）。本頁的影像是採用MRA拍攝而得。

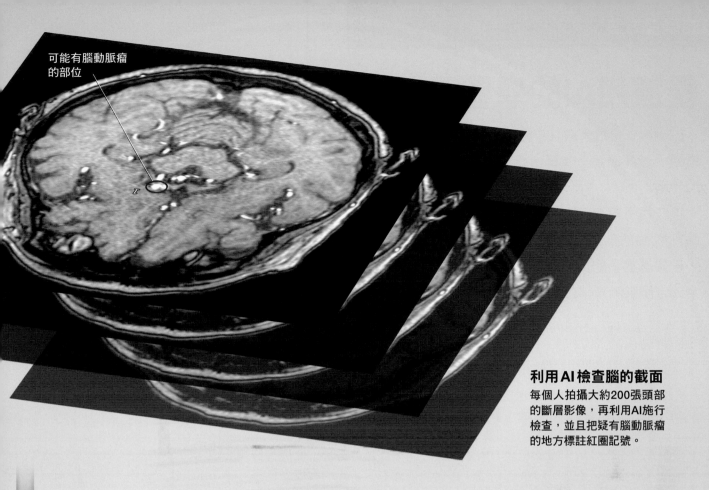

可能有腦動脈瘤
的部位

利用AI檢查腦的截面
每個人拍攝大約200張頭部
的斷層影像，再利用AI施行
檢查，並且把疑有腦動脈瘤
的地方標註紅圈記號。

把斷層影像
做立體呈現

C17000031
C17000031

A

2017-04-05

MR
HEAD

懷疑有腦動脈瘤
的部位

頭頂

F

軀體

1/1
SLo:
WC: 1410
WW: 2544

影像呈現
的角度

前部

下部

左側

**自由選取角度做立體
呈現**
右邊的影像是把斷層影像
做立體呈現（投影），可看
到AI發現疑似腦動脈瘤的
部位。

　影像可自由地改變角
度，以便進行觀察。右邊
影像呈現的是仰臥而左耳
朝向本書讀者的角度（參
照右下角顯示呈現角度的
圖）。

醫療用AI的學習資料不僅重「量」更重「質」

LPixel公司把大約1000個病例做為學習資料，透過「深度學習」演算法讓AI得以學習腦動脈瘤的特徵。

這些提供給AI學習的影像，事先由醫師標記出腦動脈瘤的部位，接著藉由大量學習這些帶有「正確答案」的資料，使AI自行獲得在斷層影像中確定腦動脈瘤部位的判斷基準。

在醫師「指導」下提高判定的精確度

在醫療領域使用的AI，必須具有高度的正確性。為了確認AI是否已經正確學習腦動脈瘤的特徵，實際上的作業是先讓AI試著標定腦動脈瘤的位置，再請醫師加以確認。

核對答案的作業由多位醫師執行，確認是否正確標記出有腦動脈瘤的部位，或相反地，沒有腦

核對答案以便確認AI的學習結果

本圖所示為LPixel公司進行AI學習的流程。醫師在斷層影像上標記腦動脈瘤的部位，再讓AI學習這些資料。學習後，讓AI判定實際的斷層影像，再確認（核對答案）它是否正確學會了。在確認已學會之後才會納入正式的系統中。

AI的學習過程分成「有無病變的判斷」及「病變部位的確定」等等好幾個步驟。如果學習結果出現錯誤，就很容易鎖定出問題的部分，把AI的再學習侷限在最小的範圍內。

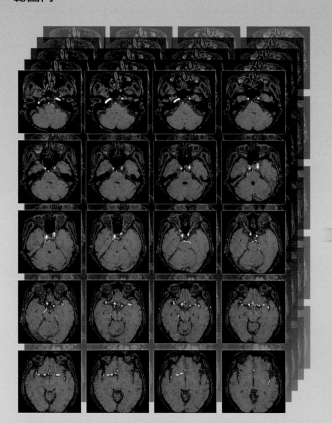

附帶正確答案的學習資料
將醫師標出腦動脈瘤部位（＝正確答案）的大量斷層影像做為AI的學習資料。

輸入學習資料

AI系統示意圖

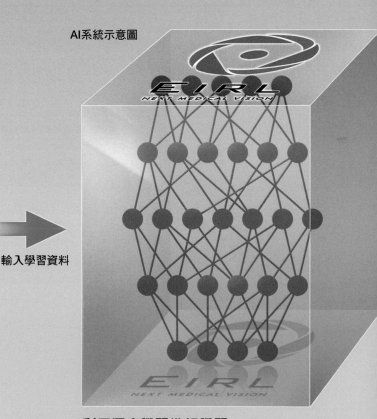

利用深度學習進行學習
從斷層影像學習腦動脈瘤的特徵。深度學習是利用「類神經網路」（模擬人腦神經細胞的連結而建構的系統）進行學習的一種方法。

動脈瘤的部位卻標記了，以及有沒有漏掉的地方等等。核對的結果會提供給AI再度學習，以求提高精確度。

脈瘤的特徵，但實際上卻有可能學到錯誤（與腦動脈瘤無關）的特徵。

AI的學習結果是以人類即使看到也難以理解的形式記錄在電腦中。也就是說，人類很難藉由直接變更AI的資料，去修正錯誤的學習結果。蕭邦提醒道：「學習結果的軌道修正十分困難，所以提供給醫療影像AI學習的資料『品質』非常重要。供它學習的資料都必須先由多位醫師確認過才行。」

AI之學習錯誤的軌道修正十分困難

深度學習等歸類為「機器學習」的AI學習手法，有一個大問題（所謂的黑箱）存在，那就是人類無法深入了解AI的學習結果。原本是希望讓AI觀看大量的腦動脈瘤影像之後，就能懂得腦動

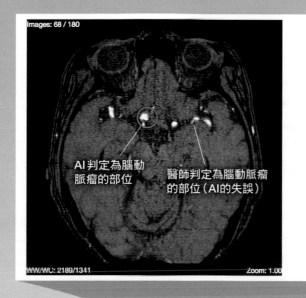

依據斷層影像
進行腦動脈瘤
的判定。

AI判定為腦動
脈瘤的部位

醫師判定為腦動脈瘤
的部位（AI的失誤）

檢核AI的判定結果的畫面

醫師核對答案
的結果提供給
AI再學習。

醫師核對答案
核對AI所做的判定結果。由多位醫師
進行檢查，確認有沒有腦動脈瘤未能
檢出的部位（偽陰性）及檢出錯誤的
例子（偽陽性）。
　這種核對答案的作業，在AI學習補
充資料的時候，也會隨時執行，以便
確認AI的判定基準沒有往錯誤的方向
發展。

AI從談話的特徵判定有無精神疾病

關於憂鬱症等精神疾病，目前尚未建立起根據血液檢查及腦部影像診斷等的資料，以供客觀地診斷疾病種類及嚴重程度的方法。像這種「看不到」的心理疾病，已經有專家在研究如何利用AI幫助理解並做客觀的診斷。

把醫師「直接感受到的疾病特徵」數值化

日本慶應義塾大學岸本泰士郎專任講師和靜岡大學狩野芳伸副教授的研究團隊，目前正在開發的AI，可藉由分析醫師和患者的對話內容，來判定精神疾病的種類及其嚴重程度。岸本專任講師解釋道：「各種疾病的談話方式都有其特徵，例如憂鬱症患者的說話速度就比較緩慢。精神科醫師就是掌握這些特徵進行診斷。我們的『UNDERPIN』計畫，其目標是希望把難以用言語下定義的精神科醫師的『內隱知識』（tacit knowledge）用AI加以數值化。」

把醫師和患者的對話轉換成文字之後，由AI分析其內容，依據聲音和文字的各種訊息，把說話方式的特徵加以數值化（抽出特徵量）。這些特徵經過數值化之後，就能計算出哪些特徵和哪種疾病、症狀有高度的關聯性。反之，也可以從說話的特徵推測是哪種疾病的機率比較高。

截至目前為止，已經取得並分析了思覺失調症（也稱精神分裂症）、憂鬱症、雙極性情感疾患（躁鬱症）、焦慮症、失智症患者，以及健康者，總共大約170小時長度的資料。岸本專任講師認為：「還有改進的空間，不過，對於有無疾病的判定，成功率已經達到一定的程度了。」

精神科醫師對於各種疾病必須抽出其特徵性症狀，把患者對其過程及治療的反應等等做綜合性的判斷，然後依此進行診斷。利用AI分析對話的結果，預定只是提供給醫師在做最終診斷時的參考。

分析患者和醫師的對話，把患者分類

分析醫師和患者的對話，抽出使用的單詞種類及說話速度等等特徵量（把說話方式的特徵加以數值化的東西）。醫師和患者的對話，並沒有安排用於分析的特殊提問，而是以一般的方式進行問診（下方照片）。

右頁中央的插圖是幅示意圖，顯示的是依受測者說話方式的特徵量，配置在以特徵量做為座標軸的空間裡。為了簡化起見，把患者配置在只以3個特徵量做為座標軸的3維空間裡，實際上會使用更多的特徵量，所以會配置在更多維的空間裡。

具有相同症狀的患者，在空間裡的配置會聚集在鄰近的區域。因此可以依據患者和各個集團的「距離有多近」，來判定患者疾病、症狀的種類及嚴重程度。本圖也以各種疾病的主要症狀及其典型的說話方式為例加以說明。

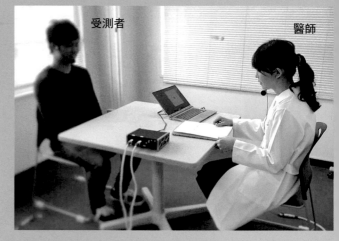

受測者　　　　醫師

（醫師）
最近，睡得好不好？

（受測者）
……睡得非常不好。

很難入睡嗎？還是半夜常常醒來？

嗯……多半是半夜常常醒來……
也會太早醒來……

分析對話中出現的單詞種類和頻率

如上所示，把醫師和患者（受測者）在平常一般診察中的對話錄下來，再分析對話的內容。

AI利用「自然語言處理」的技術，分析說話的速度、使用的單詞種類和次數、指示語（這個、那個……）的頻率、單詞的反覆、從屬關係的距離、文章的結構的複雜性等等，把說話方式的特徵加以數值化（抽出特徵量）。

說話方式的實例參考資料：《精神醫學入門》（南山堂）、《現代臨床精神醫學》（金原出版）

憂鬱症

始終悶悶不樂，各種欲望都不振，思考遲緩，談話沒有焦點。

> 自己的能力……沒有……工作充滿挫折……對家人也……只會造成困擾……

> 「3歲決定孩子一生」。3歲時，90%左右的腦已經發育完成了吧！那麼有錢的話，幫沒有父母的孩子出一些學費，那個孩子一定會回饋社會吧！大家都有受到社會的恩惠，所以必須回饋社會才行吧！鄰居給你東西的話，必須回報人家，這就是鄰居愛。如果能建立一個不斷推廣鄰居愛的社會，那就太理想了。

雙極性情感疾患（躁鬱症）

情緒亢奮的「躁期」和情緒低落的「鬱期」交互出現。如左所示，躁期的時候，會不斷出現新的想法，做跳躍式的思考。

思覺失調症

思考和情緒等統合的能力很差，出現幻覺和妄想等症狀。腦袋充滿毫不相干的事情，說話變得支離破碎。

> 醫師在考試開麵包店，麵包店在北極，議會是閃電，我是父親生下來的，爸爸是媽媽。

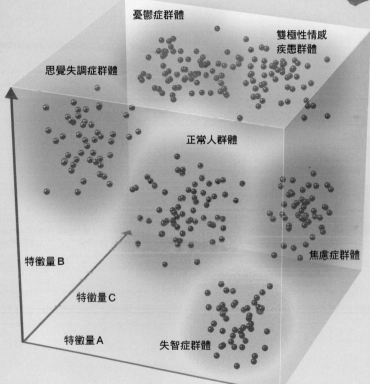

憂鬱症群體

思覺失調症群體

雙極性情感疾患群體

正常人群體

特徵量 B

特徵量 C

特徵量 A

焦慮症群體

失智症群體

焦慮症

頻繁發生過度的焦慮，導致日常生活大受影響。往往一再地提起感到焦慮的內容。

失智症

阿茲海默症等等的失智症，神經細胞發生障礙，記憶力和判斷力變差。單詞想不起來，說話不得要領，說話方式有變成一再繞圈子的傾向。

> 今天是幾月幾日呢……，反正，不必上班，小孩也不用上學，沒有什麼好操心的……。
> 說起來，上個月有去那個地方旅行回來了。搭高鐵去的，還滿近的啊！
> 嗯……有溫泉，以前常常參加公司旅遊有去玩過，到底那是什麼地方呢？
> 對了，有名的，那個地方啊！

> 很擔心自己的健康……。很擔心明天會不會就死掉了。檢查結果真的沒問題嗎？
> 因為太過度擔心，被家人嫌得要命，可是……。
> 檢查結果都沒有什麼異常嗎？

由AI對手術「技巧」做客觀的評價

新進醫師通常在前輩醫師的指導下，手術技巧逐漸精進。但不僅只是操刀技術，凡是由人來做技術指導，難免會摻雜太多的主觀感。日本千葉大學尖端醫學工程中心的中村亮一[※]副教授，為此著手開發的AI，能夠對手術技巧做客觀評價。

中村副教授等人所開發的AI，是用於評價在副鼻腔（鼻子深處的空洞）等的內視鏡手術中，手術器具的移動方式。使用安裝在手術台上方的錄影機，記錄手術器具的移動（下方照片）。手術後，分析器具的移動方式，再和「摹本」做比較，而進行評價和給分。「摹本」則取材自多位資深醫師的器具移動方式。

中村副教授指出，「把器具的移動方式記錄下來，詳細觀察後即可發現，譬如，比起新進的實

和資深醫師的差別在哪裡？

左頁的2張照片，所顯示的即鼻蓄膿手術，是在內視鏡下清除堆積於副鼻腔內的膿液。為了能夠正確追蹤器具的動作，特地在手術器具上加裝標示器。這種測量方法就是所謂的「動態捕捉」（motion capture）法。

手術後，從影像中抽出器具的移動方式等等，由AI實施評價（右頁）。現在的系統是用於手術後的評價，至於手術過程中做即時評價，以指出手術流程延遲和移動方式等問題的系統，也正在開發中。

※中村亮一：從2019年起，任職東京醫科齒科大學生體材料工學研究所醫療科技創新流程領域教授。

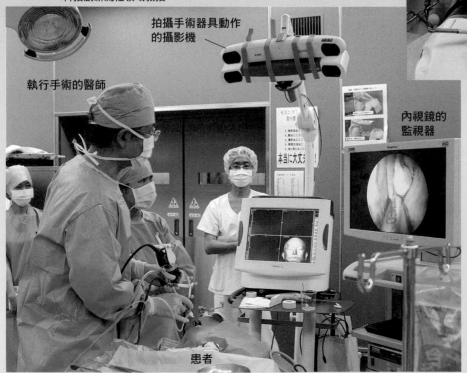

拍攝手術器具動作的攝影機

執行手術的醫師

內視鏡的監視器

患者

標示器

內視鏡

鉗子

使用標示器確定位置
裝在手術器具和患者頭部的小球是用來確定位置的標示器。以標示器為準，確定手術器具前端的位置等等。還有，鉗子這種剪刀形的手術器具，能夠用前端夾住東西。

記錄手術器具的動作
所使用的攝影機，於拍攝時會同時測量與被攝對象物之間的距離，拍攝加裝標示器的手術器具，記錄它的動作。手術時有遮住患者的臉部。

習醫師，資深醫師會左右移動內視鏡而大幅改變角度。從資料可以看出，他們會仔細觀察比較寬廣的範圍。」

並非以「神之手」為摹本

AI是依據手術器具移動的特徵和集中度等項目來評價手術的技巧。基本上，越接近摹本的動作越能得到高分。中村副教授說：「事實上，有不少被譽為『神之手』的超級醫師移動器具的方式，和大家公認為標準的動作並不一樣。我們的

AI是從資深醫師的資料庫中，挑出可能是公認為標準的移動方式，來做為摹本。」

將來，利用AI進行的評價，也有可能被用為醫師的技術指標，或是用在須高特定技術之技術認證醫師的考試之中。中村副教授便認為「AI的評分，有可能經醫院採用，做為所轄醫師的技術力之數值證明，或是患者選擇醫院和醫師的參考。遭到評價的醫師或許會覺得不太舒服，但長期來看，有助於整體技術力的提升，對醫師和患者雙方都有好處。」

由AI評價器具的移動方式

下方的圖表顯示手術過程中內視鏡的動作（速度變化等等）。橫軸為時間，手術依處理的內容分成4個階段。觀察上段的速度圖表可知，資深醫師（橘線）比起實習醫師（藍線），整體的速度變化比較少，操作相當穩定。

灰色部分是資深醫師和實習醫師的作業內容不一致的時段。由於實習醫師不太確定手術的進行方式，所以很多地方的作業內容會不一樣，這種情況比較常出現在各個階段的前半節。

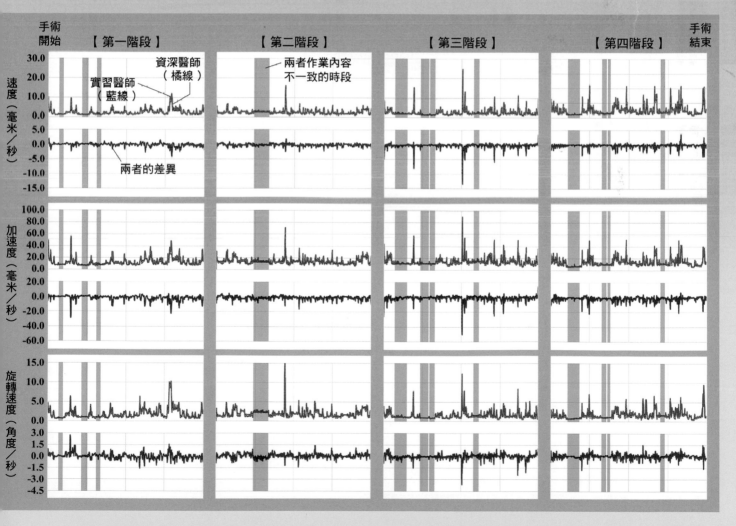

由AI分析癌症的「完整資訊」，給予每個

癌症（惡性腫瘤）高居日本人死亡原因的第一名，占有大約30%的比例。2016年有大約37萬人死於癌症。年齡越大，因癌症而死亡的機率越高，所以在邁向高齡化的日本，因癌症而死亡的人口比例逐年攀升。

日本國立癌症研究中心，顧名思義，就是日本的癌症醫療中心，也是癌症的對策單位。國立癌症研究中心研究所的濱本隆二博士目前正在開發運用AI的癌症醫療整合系統。

將癌症的所有資訊予以整合

所謂的癌症醫療整合系統究竟是什麼呢？濱本隆二博士說：「患者經常為了癌症的治療，到各地醫院拍攝MRI影像，或施行血液檢查，或調查基因突變，或食用藥物等等，但這些訊息基本上是分散的。例如，對於癌症患者的基因和MRI影像的關聯性，並沒有做過正式的分析。這也是因為資料的分類完全不同，所以調查關聯性有其困難。但是，如今利用AI的深度學習，即使是不同分類的資料，也有可能整合在一起進行分析。預期實施這項作業的工具，就是我們正在開發的癌症醫療整合系統。」右頁所示為癌症醫療整合系統的概念圖。

未來將能提供各個患者最適當的醫療

與癌症有關的醫療影像這麼多，而且，基因訊息也有這麼多，研究者要如何把這些資料組合起來並加以分析才好呢？事情可沒有那麼簡單。但是，如果利用AI的話，就能自動學習要如何組合並進行分析才會比較好。

把不同分類的資料整合在一起進行分析，可望發現諸如具特定基因的突變者必須投與特定藥物才會有效等等新的關聯性。將來，只要把基因訊息或血液檢查訊息，輸入熟習癌症所有資料的AI，就能提出適合該患者的治療方法或抗癌藥物等等方案。

濱本博士強調：「截至目前為止的癌症治療，基本上都是把對一般人有效的某種藥物或治療方法，應用到每個人身上。未來，將要求依據基因體的訊息等等，施行最適合個人的治療。想實現這個目標，就需要用到癌症醫療整合系統。」最適合個人的醫療，稱為「精準醫療」（參考左欄）。在癌症治療領域中，實現精準醫療已經成為世界的潮流。

也能壓低醫療費用

癌症醫療整合系統完成之後，有一個好處備受期待，那就是醫療費用的壓低。如果針對個人體質，而能知曉什麼藥物有效，什麼藥物無效，就不會投與無效藥物而浪費資源。濱本博士特別提到：「最近出現了一次要價將近80萬日圓的昂貴抗癌藥，醫療費用越來越高。只投與有效的藥物，不僅能壓低醫療費用，也能減少

最適當的醫療——精準醫療是什麼？

「精準醫療」（precision medicine）也可以譯為「最適醫療」、「精密醫療」，是指依據個人的基因特徵及體質等，提供最適當的治療，所以在日本也稱為「訂製醫療」或「個別化醫療」。

這個名詞是當年美國歐巴馬總統的一場演說開始引起注目。2015年初，歐巴馬在國情咨文演說中提出「精準醫療計畫」（Precision Medicine Initiative）的策略，企圖大力推動精準醫療。他使用以往一般人不太熟悉的精準醫療這個名詞，擬訂了從傳統型醫療蛻變而出的方針。

若要實現精準醫療，必須收集基因體資訊（全部基因訊息）等大量資料並加以分析。這些所謂「大數據」的份量遠遠超過人類能夠處理的程度，因此妥善運用AI等工具乃成為不可或缺的手段。

患者最適當的治療

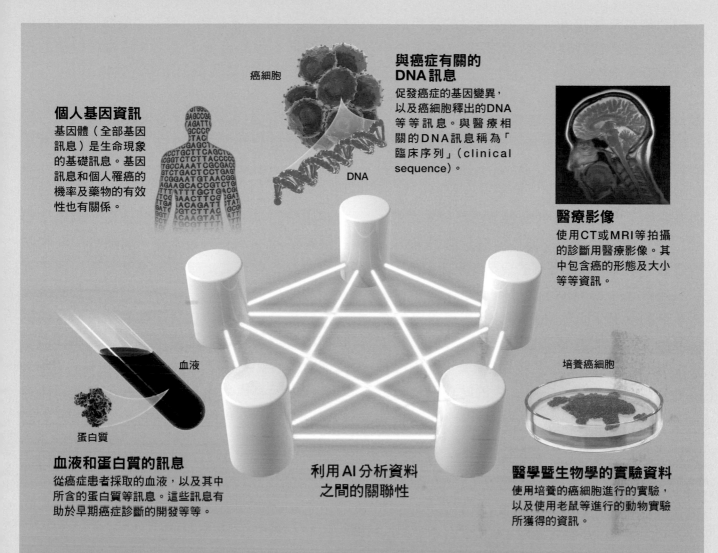

個人基因資訊
基因體（全部基因訊息）是生命現象的基礎訊息。基因訊息和個人罹癌的機率及藥物的有效性也有關係。

癌細胞

與癌症有關的DNA訊息
促發癌症的基因變異，以及癌細胞釋出的DNA等等訊息。與醫療相關的DNA訊息稱為「臨床序列」（clinical sequence）。

DNA

醫療影像
使用CT或MRI等拍攝的診斷用醫療影像。其中包含癌的形態及大小等等資訊。

血液

血液和蛋白質的訊息
從癌症患者採取的血液，以及其中所含的蛋白質等訊息。這些訊息有助於早期癌症診斷的開發等等。

蛋白質

利用AI分析資料之間的關聯性

培養癌細胞

醫學暨生物學的實驗資料
使用培養的癌細胞進行的實驗，以及使用老鼠等進行的動物實驗所獲得的資訊。

利用AI把不同分類的資料予以整合分析
如上圖所示，日本國立癌症研究中心開發的「癌症醫療整合系統」利用AI把不同分類的癌症相關資訊整合起來進行分析，企圖發現與癌症治療方法及癌症性質等等相關的新資訊。這項開發計畫從2016年啟動，2018年11月當時，是處於進行資料收集與分析的階段，驗證是否真的能夠利用AI分析不同分類的資料。

副作用，這一點也很重要。」

此外，癌症和其他疾病的關聯性，例如，我們已經知道糖尿病的藥物對特定的癌症有效，如果這方面也能利用AI進行分析，或許會有新的發現。若能擴大使用現有的藥物，就不太需要使用昂貴的新藥了。

濱本博士表示，人類基因體訊息已經能夠快速且便宜地解讀了，但截至目前為止，基因體訊息仍未有效地運用在醫療上。他並認為：「利用AI把不同分類的資料整合起來進行分析，將令我們邁入終能真正地運用基因體訊息的時代。而且，也將幫助我們闡明『癌症是什麼』這個根本問題。對於癌症醫療來說，現在是非常重要的時期。」

AI進化之後，就不再需要醫師了!?

AI功能越來越提升，在醫療領域的運用越來越廣泛。將來從診斷、治療到手術，都會由AI取代醫師來施行嗎？

邁向由AI初步檢查大量影像的時代

影像診斷是AI最能發揮其長，也是運用最多的領域。日本影像診斷的設備十分充實，每天拍攝大量的診斷用影像。開發影像診斷支援AI的蕭邦說：「醫療影像的數量增加到10年前的3倍左右。另一方面，能夠做影像診斷的醫師人數卻沒有成長，因此醫師的負荷越來越沉重。」

蕭邦表示：目前似乎處於可說是影像「拍攝太多」的狀態，但若利用AI施行影像診斷的技術逐漸提升，或許狀況也會有所改變。蕭邦認為：「入院或急救護送時，先拍攝全身的斷層影像，交由AI做初步檢查，這樣的時代已是指日可待。」雖負責確診的人畢竟是醫師，但交由AI實施初期階段的檢查，將可大幅減輕醫師的作業負荷，並且使影像更加活用在診斷上。

利用AI指出醫師沒有注意到的特徵

開發利用AI的精神疾病評價系統的岸本專任講師表示，AI或許能夠指出以往醫師沒有注意到的診斷和治療方法。岸本進一步指出：「聽說在將棋和圍棋方面，由於AI的運用，發明了跟已往常識迥然不同的新戰略。我覺得，同樣的情況或許也有可能出現在診療這方面。我們期望，利用AI去找出以往精神科醫師所忽略的疾病之特徵量，而能夠在發病前的階段和疾病的早期階段就開始進行治療，或者，能夠客觀地評價治療效果。」

另一方面，岸本還指出，醫療AI的運用也涉

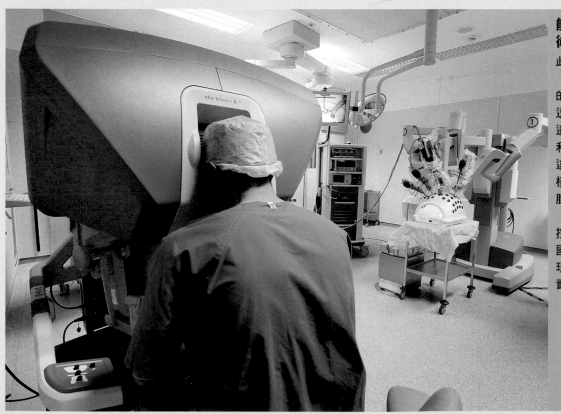

能夠交由AI施行手術嗎？

此為手術支援機器人「達文西」實際作業時的照片。照片中，醫師透過監視器（左近側），遙控操作裝有手術器具和內視鏡的機械臂（右遠側）。1999年第一代模型上市。運用於前列腺癌之類的手術。

以前也有利用能夠遙控操作的手術機器人跨國進行手術的案例，但現狀終究還是得由人負責操作。

及倫理、社會的問題，應該謹慎以對才好。「擅自分析不願受測的人的對話等資料，判斷他有疾病而拒絕納入保險等等，很擔心會產生這類的歧視問題。應該制訂規則，規定必須在專家的指導下，使用在限定的場合等等。」

岸本表示，而且無論AI能夠多麼正確地判定疾病，精神科醫師負責的問診都必須持續下去。醫師的問診不僅是診斷而已，還能聽取患者的說話表現出同理心，消除患者的焦慮不安，在治療面也有很大的作用。未來AI是否也能扮演這樣的角色，尚還是個未知數。

利用AI的分析結果開發新器具

開發評價手術AI的中村副教授說：「AI能夠運用在開發新的手術器具等方面。」利用AI客觀地評價手術，能夠具體呈現出擅長手術的醫師如何使用手術器具等等。

中村解釋道：「例如，藉由AI的分析得知，擅長手術的醫師，其共通點是經常左右移動器具，因此，如果開發出更容易左右移動的器具，或許有助於手術的進行。我們期待原本依賴人類經驗的部分，能由AI加以視覺化，藉此獲得創新醫療的基礎資料。」

單純的手術交由AI機器人施行？

現在，「達文西」（da Vinci）等手術支援機器人（左頁圖）十分活躍。將來，會有那麼一天，由AI操作機器人代替醫師施行手術嗎？中村說：「已經有人在研究，把縫合傷口、照射雷射以止血這類比較單純的作業，交由機器人自動施行了。因為在許多單純的作業上，機器比人類更拿手。」

中村副教授表示，另一方面，把複雜手術的全部作業都交由AI施行，還需要很長的時間才

科學論文的內容大多無法重現？

為了提升醫療AI的性能，提供給AI學習的資料「品質」是一個大問題。想讓AI熟習醫學知識，似乎只要給它大量論文就行了，但事實上，長年以來，科學論文大多沒有「重現性」的問題一直爭論不休。

所謂的重現性，是指利用論文中所描述的方法，再次施行相同的實驗時，會得到相同的結果（結論）。基本上，科學論文具有重現性是一個大前提。因為，每次都會得到不同結論的實驗，並無法從中得出科學性的結論。

2016年，全球性的科學雜誌《Nature》對各個領域1500名以上的研究者，進行一項有關科學論文重現性的問卷調查。結果，有70%以上的研究者回答，曾經想要重現其他研究者的實驗，結果卻失敗了（沒有重現性）。甚至有一半以上回答，曾經有過無法重現自己實驗結果的經驗。2012年，有一篇論文指出，針對關於癌症研究的53篇論文的重現性進行調查，結果發現具有重現性的論文只有6篇（約11%）。

也有海外的研究所，原本想要開發讓AI學習醫學論文以求幫助診斷的系統，後來又取消了。究其原因，與其說是AI的問題，不如說是對於用來做為學習資料的論文的重現性感到懷疑。

會實現吧！中村副教授認為：「機器人有能力施行的作業越來越多，但需要高超技術的專業工作，以目前AI和機器人的技術來說，都還差一大截。而且，萬一失敗，責任要歸誰呢？在社會制度及心理層面上，想實現由AI完全自動手術，還有相當高的門檻必須跨越吧！」

需要擅於運用AI的醫師

今後，AI在醫療領域的應用必然更趨頻繁，而醫師的角色也必然不得不跟著改變。未來，將迫切需要熟悉AI特性並能善加運用的醫師。

災害對策與

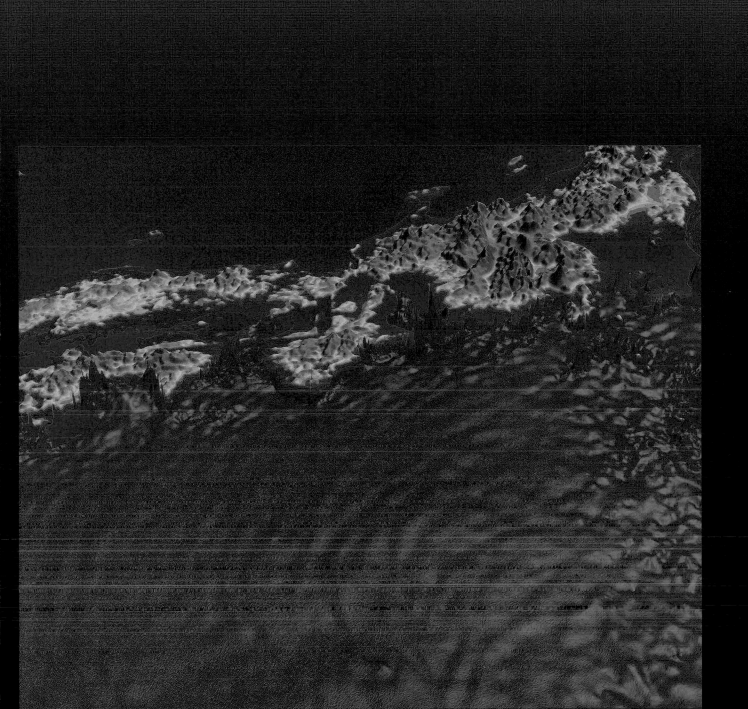

AI將會實現最適當的避難引導
利用AI協助預防大規模活動的事故

煙火大會、演唱會等大規模活動總是聚集著大批的人群，而東京奧林匹克運動大會、殘障奧運會的開幕也迫在眉睫。在其活動期間，萬一發生地震或火災的話，如果要把損害降至最低限度，則適當的避難引導是不可或缺的一環。針對這個課題，日本產業技術總合研究所人工智慧研究中心的大西正輝博士正致力於引進人工智慧（AI）等計算科學。本章特別請大西博士為我們解說這項研究的內容。

協助：大西正輝 日本產業技術總合研究所人工智慧研究中心社會知能研究小組組長

在活動會場等人群聚集的地方，萬一發生混亂或災變，絕對需要適當的引導。想要適當地引導群眾，必須掌握並預測人群的流動。目前已有人在研究如何利用AI做為引導的手段。

2020年開幕的東京奧林匹克運動大會、殘障奧運會就快來臨了。現在，國立競技場（國立霞丘陸上競技場）的全面改裝工程正緊鑼密鼓地趕工當中。新的國立競技場完工之後，進場人數預定可達8萬人左右。

規模如此龐大的活動會場，最令人擔心的一件事情，就是發生地震、火災之類的大災害。如果處理不當，極有可能釀成二次災害、三次災害。尤其是奧林匹克運動大會、殘障奧運會聚集了非常多不熟悉當地環境和語言的外國人，使得危險性更加提高不少。

如果想把損害降低到最小限度，就必須採取適當的方法引導群眾避難。但是，依賴直覺和經驗去引導高達數萬人規模的群眾，可說是相當困難。此外，若要實施避難訓練，則需花費龐大的勞力、成本和時間，所以也不可能去研討並實施預想的全部狀況。

在這樣的情況下，日本產業技術總合研究所（以下稱產總研）的人工智慧研究中心利用AI和電腦模擬等計算科學進行研究，企圖弄清楚運動會、音樂會、煙火大會等聚集非常多人的活動會場的適當引導方法。

測量和模擬兩者結合

混亂和災變時，想要適當地引導群眾，就必須知道現在人們在什麼地方，並且預測接下來人們比較有可能往什麼地方移動。而且，預測人群的流動，在事前先預測大規模活動的混亂狀況，以及商討緩和混亂的對策上，也是非常重要。因此，產總研的人工智慧研究中心把人群流動的測量和電腦模擬這兩方面結合起來。

主持這項研究的人工智慧研究中心社會知能研究小組組長大西正輝博士說：「人的移動速度取決於周圍人們的移動、人與人之間的距離、該場所的人

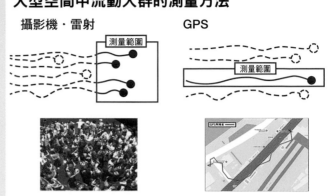

大型空間中流動人群的測量方法

攝影機・雷射　　　　　　　GPS

測量流動人群的主要機器是攝影機・雷射和GPS這兩大類。攝影機・雷射能夠測量該區域中全部的人，但只有當人從它前方橫越時才能測量到。GPS能夠測量所有的移動軌跡，但沒有攜帶GPS終端設備的人和待在屋子裡的人則無法測量到。

群密度等因素。1990年代末期，德國物理學家赫爾濱（Dirk Helbing，1965～）提議使用牛頓的運動方程式$F = ma$[1]來描述人的移動。實際使用這個方程式施行電腦模擬的結果，完美地重現了虛擬空間中群眾因災變而發生大混亂的樣態等等，因而備受矚目。但是，如果要把它運用在實際的情境之中，不知該將什麼參數值輸入電腦模擬的數理模型，所以無法達到高度的重現性。因此，我們的研究小組到活動會場實地勘測人群的流動，依此決定參數值。」

所謂的數理模型，是指為了進行電腦模擬，用數學語言記述現象等等而構成的模型。而所謂的參數，是指使現象等等具有特徵的要素。例如，在模擬人的移動時，移動速度會依他與周圍人們的距離等因素而改變。我們就把他與周圍人們的距離等因素設定為參數，再輸入實際測量的資料，使模擬能夠儘量接近實際的現象。像這樣，把測量資料輸入模擬的參數，並藉此修正模擬結果的手法，稱為「資料同化」（data assimilation）。

大西博士又說：「截至目前為止，資料同化都是運用在預測地球暖化、海洋資訊等大規模現象的研

※1：這是記述一個「質點」物體運動的方程式，m為質點的質量，a為質點的加速度，F為施加於質點的力。所謂的質點，是一種虛擬具有質量的點狀物體，是為了把物體運動的力學單純化以方便討論而提出的概念。這個運動方程式表示：力為質量與加速度的乘積。

究上。我們的研究小組原本就一直在執行測量大規模人群流動的實驗，所以把這個測量結果採用資料同化的手法，可以讓我們施行的模擬更能正確地重現人群的流動。」

測量人群流動的主要儀器有兩種，一種是設置於環境中的攝影機和雷射，另一種是人身持有的GPS（全球定位系統）。攝影機和雷射的特徵是測量範圍受到限制，但這個範圍內的所有人都能測量到。另一方面，GPS的特徵則是全部移動軌跡都能測量，但沒有攜帶GPS終端設備的人，或是待在屋內的人，就無法測量到（61頁圖）。因此，大西博士的研究小組會因應施行實證試驗的場所，分別使用不同的測量儀器。具體的內容將在後文補充說明。

接下來，把話題轉移到施行模擬的軟體「模擬器」（simulator）。

近年來，開發出許多種模擬人群流動的「人流模擬器」。利用這類軟體，能夠把人群流動加以可視化，把移動時間和混亂密度加以數值化。產總研和北海道大學山下倫央副教授合作，開發了針對群眾而非步行者的群眾流動模擬器「CrowdWalk」，它的特徵是能夠高速計算大規模群眾的流動。大西博士的研究小組到實際的音樂會場和煙火會場勘測群眾的流動，進行資料同化，不斷地提升CrowdWalk的重現性。目前已經利用這個模擬器來支援大規模設施的避難引導計畫。

大西博士說：「不特定多數人出入的大規模設施，根據消防法規，必須定期實施避難訓練。但是，若要分析避難訓練的實施成果，並運用於未來的狀況，則所需的技術，是要能夠正確理解避難訓練中的人群流動。此外，若要假想一切狀況，更改避難人數及避難路線等條件，一再地實施避難訓練，這在實務上有其困難。變更條件之後，什麼地方會發生混亂呢？還有，這會導致避難時間如何變化呢？想要預測這些，模擬器是不可或缺的利器。」

在新國立劇場執行避難實驗

那麼，接下來就詳細說明，大西博士等人實際施行的實驗內容吧！

首先，是分別於2014年8月和2017年9月，在位於東京都澀谷區的新國立劇場歌劇院實施了2次「避難體驗歌劇音樂會」。這個避難訓練是假設歌劇音樂會進行中發生震度5的地震，並且引發火災的狀況。

2014年8月實施的第一次訓練，是假想第一曲結束的時候，發生震度5的地震，並且造成舞台側面發生火災，而進行避難。

首先，對參加避難體驗歌劇音樂會的大約1300名觀眾進行廣播，請大家不要驚慌，從鄰近的門避難。接著，觀眾開始避難。研究小組在出入口和樓梯附近裝設40多架特殊攝影機，把這個場景拍攝下來。這些特殊攝影機是能夠同時取得色相資訊和高精確度3維資訊（測距圖像）的測距攝影機。

利用2維圖像很難分辨混亂環境中的每個人，藉由拍攝測距圖像，能夠正確地測量在3維空間中每個人的位置和行動（右頁照片）。大西博士解釋道：「它的特點是，以人的最初位置為初期值（最初的值），使用電腦反覆進行計算處理，藉此而能以高精確度連續捕捉人的流動。」

在第一次實驗中，從測距攝影機的測量得知兩件事。第一，如果有某個人選擇了錯誤的避難路線，後面的人也會跟著那個人選擇錯誤的路線。第二，如果有些門是關著沒打開，人們只會往已經打開的門移動，而不會自行企圖去開啟關著的門。也就是說，由測量的結果得知，人有跟隨周圍人們的強烈傾向，避免採取和他們不一樣的行動。

大西博士等人根據這次避難實驗的測量結果，對CrowdWalk做資料同化，施行模擬。

把人們視為智能體（agent）而重現其行動的手法稱為「多智能體模擬」（multi-agent simulation）。CrowdWalk對每一個智能體以「這個智能體要利用這個門、這條路線避難」的方式，

使用測距攝影機的測量

即使是人類肉眼和 2 維影像不容易逐個分辨清楚的混亂環境，只要使用測距攝影機，就能正確測量 3 維空間中每個人的位置和移動，並加以數值化。左邊為2014年，右邊為2017年，新國立劇場歌劇院舉辦「避難體驗歌劇音樂會」時，使用測距攝影機測量的結果。根據人頭 3 維位置的變化，計算出移動速度。比較2014年和2017年的畫面，可知2017年把所有門都打開的狀況下，人流移動的速度比較快。

預先設定要選擇的避難路線，藉此而能夠把整體的避難狀況和時間的經過一併重現在個人電腦上。

此外，把智能體的移動空間，當做具有人能夠移動之範圍的長度和寬度的 1 維空間模型來進行處理，可以減輕計算處理的負荷。大西博士說：「根據各個智能體與前方人之間的距離，決定各個智能體的移動速度及加速度，能夠簡化計算處理，所以可做到高速模擬數千至數十萬人的人群流動。這是CrowdWalk的一大特色。」

災變發生之際，負責引導的人員人手有限，因此，這些有限的引導人員必須把避難的各項必要作業安排好優先順序。在2014年 8 月的避難實驗中，避難路線和門這兩個問題特別明顯，引導到正確的避難路線和打開門，優先處理哪一項比較能夠縮短避難所耗掉的時間呢？為此，利用CrowdWalk進行模擬加以確認。

新國立劇場的後方有 2 個出入口，各有 4 片門扇，總共 8 片門扇。因此，在模擬中，重現了每個出入口的 4 片門扇當中，只打開 1 片門扇的狀況和 4 片門扇都打開的狀況。結果得知，4 片門扇都打開的狀況，全部觀眾完成避難所花的時間為194秒，而只打開 1 片門扇的狀況，卻花了509秒，需要2.6倍以上的時間。

藉由深度學習減輕模擬的負荷

大西博士說道：「但是，另一方面，根據消防法規，門扇不能一直開著。因為發生火災時，外面的空氣會流進來，使火勢提早擴大延燒。因此，這麼多片門扇之中應該要打開哪一扇呢？要把坐在哪個座位的觀眾引導到哪個門扇去避難呢？都必須好好研究。而在這個地方，就會用到AI的學習方法之一的深度學習[2]。」

採行多智能體模擬，只要給予每一個智能體的移動路線，就能重現其後群眾的行動。但是，如果要把群眾可能採取的行動全部網羅進來施行模擬的話，它們的組合將是非常龐大的數量。例如，光是30個人要從 2 扇當中選擇哪一扇避難，就有2^{30}種，亦即大約10億種可能的狀況。假設每一種狀況的模擬要耗費10秒鐘，10億種狀況就要耗費340年。

大西博士說：「因此，針對某項條件施行模擬，對其餘的條件則施行深度學習，藉此補足模擬。利

※2：機器學習的手法之一，也稱為深度學習，是支撐AI的主要技術。以模仿人類神經細胞之機制的類神經網路做為基礎。把類神經網路做成多層構造，再大量輸入圖像和語音等各種資料，使各層分階段學習那些資料裡面所含的特徵。藉此，得以深入地學習資料中所含的特徵。

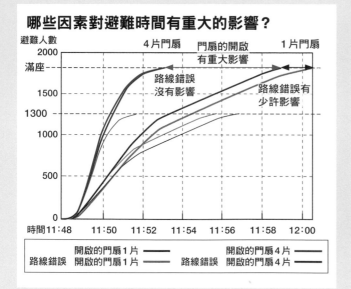

哪些因素對避難時間有重大的影響？

避難人數

4片門扇　門扇的開啟　1片門扇
有重大影響

路線錯誤
沒有影響

路線錯誤有
少許影響

開啟的門扇1片			開啟的門扇4片	
路線錯誤　開啟的門扇1片		路線錯誤　開啟的門扇4片		

模擬條件：路線正確或錯誤的狀況、開啟的門扇是 1 片或 4 片的狀況、參加避難實驗的人數是1300人或滿座1800人的狀況，共2×2×2＝8 種狀況。由圖可知，開啟1 片門扇的狀況下，比開啟 4 片門扇的狀況，無論避難路線是正確或錯誤，避難所需的時間都大幅增加。

用深度學習，能夠大幅縮短施行模擬的時間。」

具體來說，就是依據在新國立劇場測量的群眾移動軌跡的資料製作成圖像，再利用深度學習之一的「卷積類神經網路」（CNN，convolutional neural network）進行學習。用於學習的圖像中，包含群眾坐在哪個地方，從哪個門扇離開走哪個樓梯避難之類的移動路線的訊息。一般多智能體模擬，是計算與周圍人們的距離等等，依此決定移動速度。但在深度學習中，把這些要素的關聯性全部做為黑箱來處理，由網路來考量這個關聯性。此外，把模擬所產生的大量資料交給深度學習進行學習，則即使未知的狀況也能預測避難時間。

像這樣，並不是把全部狀況都施行模擬，以免計算的負荷太高，而是模擬具有代表性的狀態，再利用深度學習推測未知的狀態，藉此方法減輕計算的負荷。

利用深度學習把計算速度提高800倍

2017年 9 月施行第二次新國立劇場歌劇院避難

實驗，參加人數約1100人，劇場內 6 個出口的門扇全部保持開啟的狀態，測量劇場內人群抵達避難地點所花費的時間。

在使用當時的測量結果進行資料同化的CrowdWalk模擬中，為了檢證引導到哪個門避難的效果會更好，特地採行「這排的觀眾引導到前方的門，那排的觀眾引導到中間的門」的方式，把特定智能體分別引導到前方 2 個門和中間 2 個門，其餘的觀眾則引導到後方的 2 個門。

但是，切割的方法非常多種，若要逐一加以模擬，必須耗費相當多的時間，因此，把CNN導入一部分模擬作業，使模擬的速度加快。

當初，要模擬大約350萬種的組合，如果使用24核芯（核芯是指以功能單位做整合的積體電路）的電腦實施平行計算，估計需要71天。而相對地，大西博士等人採用CNN，重現性與一般的網羅式模擬不相上下，但計算處理速度卻快了大約800倍之多。

大西博士說：「施行模擬之際有一個大課題，由於計算量相當龐大，並無法在現實的時間內計算完成。一項計算要耗費幾個月甚至幾年的時間，根本不可行。而相對地，在維持重現性的情況下，使計算速度大幅提升，這可以說就是深度學習等AI的大優點吧！另一方面，還有一個課題，就是可供CNN學習的資料太少了，導致無法充分發揮它的能力。」

順帶一提，以這種方式實施避難引導模擬的結果，避難完成時間較短的前10名避難方法，全都是「減少從中間門逃出去的人數」的方法（見右頁表）。

大西博士認為「電腦會給出最合理的答案。其中，也包含了許多違反我們人類直覺的答案，藉此，可以得到較大的關注。可是，像這次這樣，有這麼多種關閉中間門的方法都顯示避難完成時間比較短，但儘管如此，人們還是會想要從鄰近的門避難。此外，和汽車的自動駕駛的電車難題[※3]一樣，

避難完成時間較短的前10種避難方式

排名	從前門出去的排數	從中門出去的排數	從後門出去的排數	避難完成的時間（秒）
1	12	0	10	329
2	11	1	10	332
3	11	0	11	333
4	11	2	9	337
4	12	1	9	337
6	13	0	9	339
7	10	3	9	344
8	10	1	11	348
9	10	2	10	349
10	8	0	14	350
10	13	1	8	350
平均	11	1	10	340.73

關閉中間的門有引導的效果嗎？

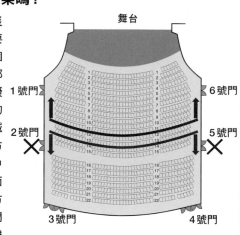

新國立劇場有 6 個門。發生災變時，引導觀眾避難之際，要讓坐在哪個座位的觀眾從哪個門避難呢？無論哪種狀況，都是龐大的數量。這次實施模擬的結果，避難完成時間較短的前10種避難方式，都是「減少從中門逃出去的人數」的方法。實驗的結果顯示，插圖中綠線後方座位的觀眾使用後面的 3 號門和 4 號門，橙線前方座位的觀眾使用前面的 1 號門和 6 號門，能夠更快速地逃離現場。但實際上，人會想從最靠近的門逃離，所以，關閉 2 號門和 5 號門，反而可能會引起混亂。因此，2 號門和 5 號門究竟是要開啟或關閉，最終的判斷必須由主其事者自行斟酌。

交由電腦做判斷的話，萬一發生事故，責任要如何歸屬，目前還沒有周全的配套。因此，模擬結果畢竟只是當成做出適當判斷的材料，中間門要開啟或關閉，最終的判斷仍然要靠人。」

運用於緩和數十萬人規模的活動的混亂

像新國立劇場這類的室內環境，使用攝影機等設備可以有效地進行測量，但若是舉行東京奧林匹克運動大會暨殘障奧運會的新國立競技場和煙火大會等戶外的環境，則必須併用GPS才能有效地測量人群的流動。

因此，以下就為您介紹大西博士等人從2012年開始持續施行測量和模擬的關門海峽煙火大會的案例。這項活動是關門海峽兩岸的福岡縣北九州市和山口縣下關市每年共同舉辦的西日本最大級別的煙火大會，推估2018年的參觀人數兩岸合計達到100萬人的規模。

大西博士等人研究的目的，是針對每年煙火大會結束後都會發生的大混亂，找出解決方法，適當地將參加者引導到車站，以求緩和混亂的狀況。

大西博士說：「以數萬人規模的參加者為對象的引導效果，以前幾乎沒有任何明確的數據。但是，使用CrowdWalk建立關門海峽煙火大會群體流動的模型，就有可能研擬出有效率且安全的引導計畫。將來或許也能運用在交通規則上。」

最靠近北九州市這邊會場的車站是門司港，從會場到車站有 3 條主要回程路線。因此，為了掌握煙火大會全體參加者的回程路線，首先在各條回程路線上設置多架測距攝影機和雷射，用來測量通過這個區域的參加者人數和步行速度。然後，依據這些測量資料，分析這 3 條回程路線之中，參加者是不是會集中於某條特定的路線、混亂的高峰期持續到什麼程度等等。大西博士說明：「分析的結果，由某個地點的測量資料得知，從煙火大會結束的20時40分稍前的20時左右開始，走向車站的人數急速增加。」

在此同時，也利用GPS測量各條回程路線。由多名測量員攜帶GPS終端設備，從19時開始，每隔15分鐘有 3 名測量員從會場出發，分別通過這3條回程路線走到門司港站，測量從會場抵達門司港站所需耗費的時間。

然後，利用把這些測量結果做了資料同化的

※3：例如，有一輛急速行駛而煞車失靈的電車，即將撞上軌道前方的 5 個人，如果想要閃避的話，可以在不遠處的分歧點切換軌道，但切換過去的另一條軌道上也有 1 個人。這時應該如何下判斷呢？於是陷入了進退兩難的困境（dilemma）。由於汽車的自動駕駛必須由AI自行判斷，因此成為一個大課題。

搞笑現場秀的演出，對於前往車站的參加者的分散度造成的影響

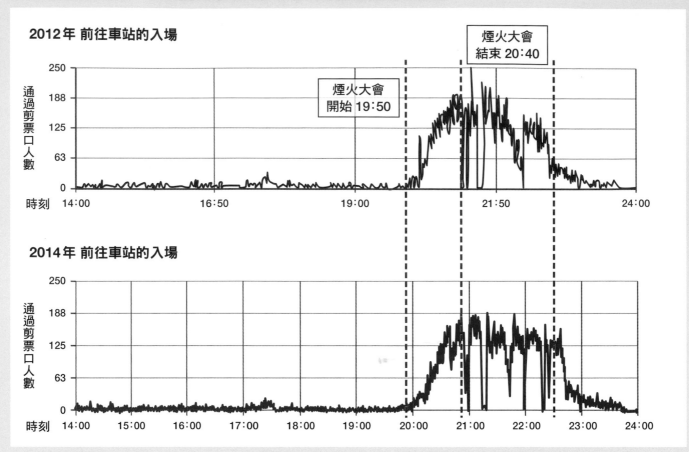

比較實施搞笑現場秀之前的2012年和實施搞笑現場秀之後的2014年的測量結果得知，搞笑現場秀使得總共1800人的回程延後了平均15分鐘左右。結果，前往車站的參加者人數分散得比較平均，由此可知搞笑現場秀具有緩和混亂狀況的效果。

CrowdWalk進行模擬。藉著施行資料同化，能夠對全部區域（包括攝影機和雷射無法測量到的區域）進行推定，而以極高的重現性施行全體群眾的模擬。

門司海峽煙火大會為了避免回程路線的大混亂，在煙火結束後，不會馬上放參加者回家，而是儘可能把他們留在煙火大會的會場。從2014年開始提出各種對策，例如在煙火發射結束後，在會場提供搞笑現場秀（comedy live show）的演出等等。但是，這些對策具有多大程度的效果呢？要把參加者挽留在會場多久的時間才能得到最大的效果呢？對於這些疑問，之前並沒有確認的方法。因此，大西博士等人把現場秀實施前的2012年和實施後的2014年的測量結果拿來比對。結果發現，由於各個年度的觀眾人數不一樣，很難做單純的比較，不

過也由此得知，把合計1800人的回程平均延後了15分鐘左右，而且前往車站的參加者人數也分散開來了。

此外，在回程路線的哪個地點挽留幾分鐘，可以讓參加者順暢地走到車站呢？針對這個問題，也施行了大約1萬種的模擬進行檢討。這個時候，使用稱為自適應共變異數矩陣演化策略（CMA-ES，covariance matrix adaptation evolution strategy）的演算法進行最適化，可以更快找出良好的引導方法。

大西博士說：「通常，使用個人電腦施行大約1萬種模擬，需要75天左右。相對地，使用產總研的平行電腦進行計算，只要1天就能找出良好的答案。」

結果得知，在回程路線的10個地方進行適當的

吉魔的煙火混亂地圖

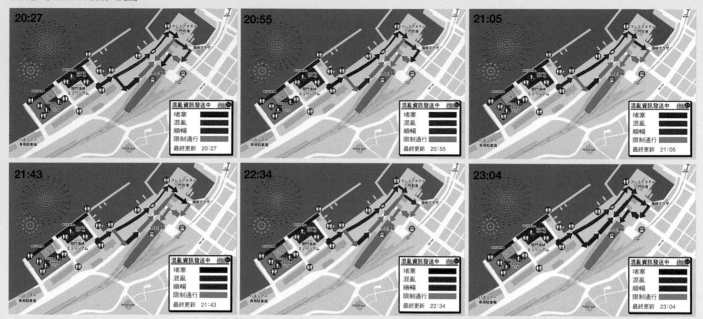

大西博士等人開發出能夠即時得知混亂狀況的應用軟體「吉魔的煙火混亂地圖」，發布在網站上。把回家路線的混亂狀況分為「堵塞」、「混亂」、「順暢」、「限制通行」4種，分別著上紅、黃、綠、紫4種顏色，顯示在地圖上。

引導，能使混亂情況得到最大程度的緩和效果。

　　除此之外，大西博士更和日本奈良尖端科學技術大學院大學的荒牧英治副教授等人，合作開發能夠即時了解2014年關門海峽煙火大會混亂狀況的應用軟體「吉魔（Jimo）的煙火混亂地圖」，並且發布在網站上。首先，把各測量員配置在3條回程路線上的6個地點，各測量員把回程路線的混亂狀況依順暢、混亂、堵塞、限制通行等4個階段，每10分鐘做一次判定，把判定結果報告給資訊統合人。資訊統合人把收集到的混亂情報疊合在地圖的圖像上，上傳到網站，使用者即可在智慧型手機的螢幕上閱覽這個地圖畫面（上方照片）。

　　此外，對於沒有智慧型手機的參加者，則使用投影機在會場附近投射引導方向。大西博士「收到許多參加者表示『有幫助』的感言，評價非常高。未來，測量員和資訊統合人這些由人類執行的部分將交由電腦處理，希望做到全部自動化。」

迎向東京奧運暨殘障奧運

　　大西博士等人的研究小組一直全心投入的群眾流動測量計畫，也希望能運用在2020年舉辦的東京奧林匹克運動大會暨殘障奧運會。尤其是產總研人工智慧研究中心所在的東京都江東區的台場也將做為東京奧林匹克運動大會暨殘障奧運會的會場。因此，大西博士等人接下來將展開一項計畫，把台場周邊的地圖轉化為3維資料，再把這些地圖資訊輸入CrowdWalk，以使用來進行模擬。

　　大西博士說：「今後的課題，是能夠做到使用測量結果施行即時模擬。現在，測量避難實驗等狀況之後，必須先把這些測量資料帶回來，然後再用於進行模擬。如果能把測量資料當場進行資料同化，馬上將之反映在模擬上，就能預測未來數分鐘、數十分鐘的混亂狀況，判斷若通過哪一條路線很可能會陷入混亂當中等等，從而提出建議方案。此外，也期待在發生地震、火災等緊急狀況時，能依據競技場內的群眾分布，判斷往哪裡逃生比較妥當，從而進行廣播。非常希望在2020年的東京奧林匹克運動大會暨殘障奧運會期間，能夠達到這個目標。今後仍會繼續研究，以期對有效率且安全的群眾引導、災害時的避難引導等方面有所貢獻。」　　✍

（執筆：山田久美）

把AI運用在防災上

有助於災變時的當機立斷和敏捷行動

日本是災害大國。尤其是地震，更是位處世界有數的地震頻繁帶上，一旦發生大地震，往往造成房屋傾毀、海嘯、火災等等事故，奪走許多條寶貴的生命。而且，由於受不了避難所的艱困生活而死亡的人也不在少數。若要儘量拯救多一點的人命，最重要的就是高精確度的災害預測，以及迅速有效的資訊傳達。為了達成這些目標，把人工智慧（AI）引進防災工作的機制遂受到眾人的注目。川崎市領先全國推行了海嘯災害預測計畫，並建立企圖改變災變時資訊傳達方式的電腦防災聯盟。本文將為您介紹它的運作機制。

協助：**永山實幸** 日本川崎市總務企畫局危機管理室長　　**三原宜輝** 日本川崎市總務企畫局危機管理室危機管理計畫小組長

　　　大石裕介 日本富士通研究所股份有限公司人工智慧研究所資深研究員　　**山口真吾** 日本慶應義塾大學環境情報學部副教授

南海海槽超大地震假想模型

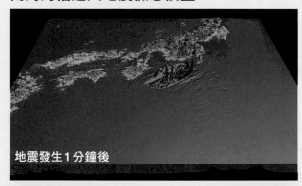
地震發生1分鐘後

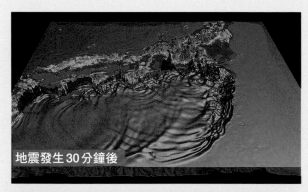
地震發生30分鐘後

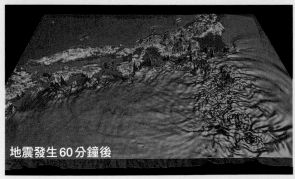
地震發生60分鐘後

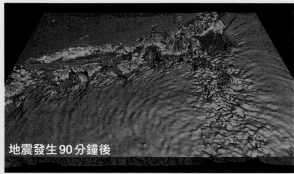
地震發生90分鐘後

南海海槽超大地震引發海嘯的模擬圖。使用「內閣府南海海槽超大地震模型檢討會」的資料，由富士通研究所負責施行。假設南海海槽發生超大地震，川崎市在地震發生大約80分鐘之後，會有3公尺高的第一波海嘯抵達，其後會不斷地每隔數十分鐘就有新一波的海嘯抵達。抵達之前的時間比較久，是因為與震源的距離比較遠，以及灣內海底變淺，使得海嘯的傳播速度變慢所致。

大地震發生時最可怕的災害之一就是海嘯。一旦進襲到海岸，沿岸的建築物都會被沖走，人們只要稍微慢了一步，瞬間就被海浪吞噬，許多寶貴的生命因此被奪走。工廠、漁船和田地等也受到無情的摧殘，使得沿岸的產業遭受嚴重的打擊。如果能夠預測海嘯，在海嘯抵達之前採行適切的避難對策，應該能夠把損害降低到某個程度。但是，若要預測海嘯如何侵襲，必須盡可能正確地掌握地區的特性。因為，海嘯會隨著該地區的地形和建築物等複雜的因素，而改變侵襲的方式。由於這些因素非常複雜，必須進行龐大的計算。如果引進AI和超級電腦，將可縮短預測的時間。

神奈川縣川崎市領先全國，從2017年起便開始推計畫，將AI導入海嘯的預測及對策。這項計畫由川崎市和在市內設有研究據點的富士通研究所股份有限公司，以及東京大學地震研究所、東北大學災害科學國際研究所共同合作。

納入川崎市地區特性的海嘯模擬

面臨東京灣的川崎市是人口數高居全日本第8位的大都市。臨海區域有名聞遐邇的京濱工業區，鋼鐵、機械、化學等重工業及電力、石油精煉、瓦斯等能源產業十分密集。因此，如果地震引發的海嘯來襲，不僅會奪走許多居民的生命，也會損毀工廠，導致產業遭到巨大的影響及損失。

而且，川崎市的臨海區域有一個稱為「東扇島基幹性廣域防災據點」的場所，在災害時做為送往首都圈的支援物資的集散據點。如果這個據點遭海嘯沖垮，則不只川崎市，就連整個首都圈都會受到嚴重的打擊。

座落於川崎市的富士通研究所股份有限公司，自東日本大震災之後，就和東北大學災害科學國際研究所合作，共同開發海嘯造成淹水的模擬技術。這是根據在外海觀測的資料，以高精確度預測海嘯的

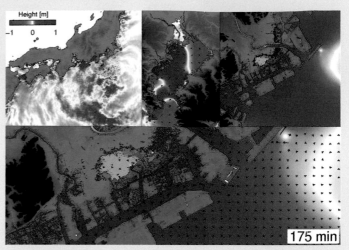

海嘯模擬範例

川崎市臨海地區模擬海嘯的放大圖。紅色區域是海嘯波浪特別高的地方，箭頭表示海浪衝擊的強度和方向。川崎市臨海地區有運河，海嘯停留在運河相當長的時間，很不容易穿越，而呈現出複雜的動作。由模擬也得知，當海嘯抵達運河時，波浪會以超過 6 節的速度移動。2 節就足以迫使船隻無法航行，因此可以想見海嘯會給予船隻多大的衝擊。

高度、抵達時間和海嘯造成淹水的情景。利用這項模擬技術和AI，把川崎市沿岸區域的地區特性納入考量，實施高精確度的海嘯災害預測。

關於這個海嘯災害預測的機制，請參照第70頁的插圖。在外海觀測到海嘯的話，交由事先熟習（深度學習[1]等等）了許多資料的AI，預測還會有什麼樣的海嘯進襲川崎市，以及還會造成什麼樣的淹水狀況。

富士通研究所的資深研究員大石裕介說：「海嘯並不單單只是海浪湧向海岸而已。海嘯會把海底的沙土一併捲帶過來，所以沿岸區域都會堆積著厚厚的沙土，一邊破壞沿岸的地形一邊前進。這項計畫，對於因海嘯而時時刻刻都在變化的地形，也要納入模擬的考量。」

在施行海嘯災害的模擬時，川崎市深具特色的一點，就是人工運河的存在。東京灣的填海區有許多條運河貫串其間，如果海嘯進入運河，將會長時間停留，做出複雜的行動。

川崎市總務企畫局危機管理室的永山實幸室長說：「關於臨海區櫛比鱗次的鍋槽和廠房，目前推

※1：採用的「深度類神經網路」法係模擬人類腦神經回路，從大量資料發掘出規則性和關聯性，由AI自行判斷和預測，也稱為深度學習。預測海嘯的時候，因為足以引發海嘯的大地震極少發生，所以海嘯的實際資料非常稀少，提供給AI學習的份量並不充足。因此，富士通研究所和東北大學建立的龐大模擬資料，對於AI的學習很有幫助。

利用 AI 施行海嘯即時預測

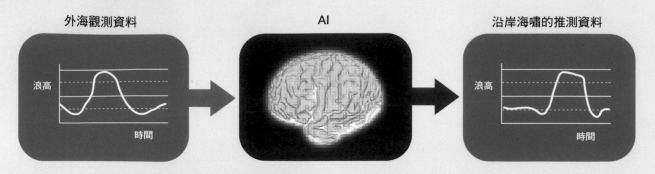

如果在震源地點附近觀測到海嘯，AI會在瞬間預估海嘯什麼時候會以多高的海浪撲向川崎市。地震引發的海嘯實際資料很少，因此連同海嘯模擬的資料一併提供給AI學習。海嘯模擬資料顯示出，海嘯發生時，外海的觀測值和侵襲川崎市的海嘯及淹水狀況之間的關係。

測海嘯應該不會造成嚴重的損害。問題出在運河。川崎市的運河有大約1萬艘船隻在航行，如果海嘯進襲運河，會造成船隻搖晃，使得船上載運的資材掉落，或船隻遭到破壞而漏油等等，這有可能造成很大的損害。」

居民的避難行動也施行模擬

對於防災，若只是以高精確度預測「會發生什麼樣的災害」，尚嫌不足。例如，2018年夏季發生的西日本豪雨，儘管發布了大雨特報，仍然有許多民眾來不及避難而犧牲。也就是說，若要減輕損害，則必須接收到訊息的人也立刻採取避難措施才行。防災必須是行政機關提供救助和支援的「公助」、自己幫助自己的「自助」，以及家庭和地區社區等合作互助的「共助」的三位一體才能發揮效果。

這次川崎市的計畫，也運用了東北大學災害科學國際研究所和富士通研究所的海嘯避難模擬技術把避難行動模型化。把符合成年男性、成年女性、老年人、兒童等各種居民特性的行動加以模型化，再模擬某個地區突然出現避難指示時，居民前往避難所的避難行動。

資深研究員大石指出，「人往往會出現預料之外的行為，要完全模擬所有的行動有其困難。即便如此，一個人會往什麼方向走，總有某個程度的傾向，所以根據這個傾向來施行模擬。」

根據模擬的結果得知，川崎市由於人口較多，如果每個人都離家出門，前往避難所之類的目的地，則人潮便會逐漸集中，並且由於混亂而拖延避難的行動。

實際上，發生海嘯的時候，應該也會有許多場所因為淹水等狀況而無法通行。川崎市將參考這個模擬所得到的人們避難行動的樣貌，檢討安全的避難路線等等，擬訂出以「海嘯造成的死亡人數為0」為目標的對策。

善用熟知高效率避難路線的應用軟體

川崎市為了提高地區居民的防災意識，每年都會在海嘯造成淹水的高風險場所舉辦一次避難訓練。2018年12月舉辦的避難訓練就參考了這一次的模擬結果。

此外，這次訓練也使用了富士通研究所等機構所開發的企盼在避難時發揮功能的智慧型手機應用軟體。請居民在避難時如果遇到無法通行的場所，務必利用軟體上傳訊息。其他人只要看到軟體的地圖畫面，馬上得知無法通行的路線，而能一開始就改選可以通行的路線去避難。如此一來，便能迅速有效地去避難。

而且，這項訓練也是實驗。實際避難所花的時間，以及人們所採取的行動等資料，都回饋到模擬模型，以求進一步提高精確度。此外，對象地區的

居民有許多是高齡者，所以也要檢證他們對於使用手機的熟練度。

川崎市總務企畫局危機管理室的三原宜輝組長說：「未來也將會在各地區舉辦避難訓練。訓練不僅有助於提高模擬的精確度，也有助於培養每一位市民具有『自助』和『共助』的精神。」

川崎市率先展開的這項計畫，今後也將推廣到全國各個自治體，期待它也能運用在大雨等其他災變上，以求拯救更多人的生命。

力求減少災變關聯死亡的人數

接下來要介紹的，是把AI的自然語言處理運用在防災上的事例。這是2017年10月成立的電腦防災聯盟所推行的一項計畫。所謂電腦防災聯盟，是一個由慶應義塾大學、資訊通訊研究機構、防災科學技術研究所、雅虎股份有限公司（Yahoo）、LINE股份有限公司共同成立的組織。

電腦防災聯盟的目標就是利用AI消除「災變關聯死亡」（disaster-related death）。所謂「災變關聯死亡」，是指並非因建築物倒塌或海嘯等而喪命的

「直接死亡」，而是因災變之故，在事發後喪命的情形。例如，在避難所或孤立群落等地，如果缺乏食物及飲料，人會變得衰弱。也有人因為住宅毀損而不得不住在車子裡，結果罹患了經濟艙綜合症[※2]（economy class syndrome）。在避難所，無法做到充分的刷牙和沐浴等清潔工作。在這種不衛生的環境中，像高齡者這些抵抗力較差的人容易罹患肺炎。當然，心理上的壓力也不可以忽略。

災害關聯死亡的人數相當可觀，例如東日本大震災的死亡人數大約1萬5000人，其中有大約3500人是災害關聯死亡。2016年的熊本地震，災害關聯死亡的人數超過直接死亡。為了消滅災害關聯死亡，必須立刻執行基本建設的復原及支援物資的提供，還有醫療小組的派遣等等。為此，必須正確掌握「何時」、「何地」、「多少人」、「如何」受困的訊息。

慶應義塾大學的山口真吾副教授說：「災害關聯死亡是災害後的救援體制不完備所造成，所以若未加以防止，是文明社會的怠慢。但是，依照現在的體制，收集訊息的人手不足，很難做到防止的地

使用手機軟體施行避難訓練的機制

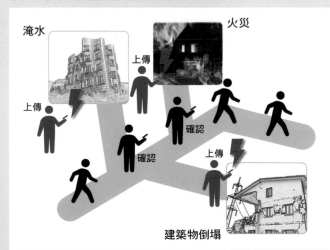

川崎市、富士通研究所、東京大學、東北大學為避難軟體共同設計其功能的機制。地震發生時，雖然想前往避難場所避難，卻有可能發生道路因地震而無法通行的狀況。利用應用軟體把諸如此類的災害狀況上傳到網路上，讓其他居民也能看到，而得以避開危險場所抵達避難場所。

※2：長時間坐在飛機經濟艙或車子的狹窄座位，致雙腳因缺少活動而易於罹患的疾病。長時間保持姿勢固定不動，導致血液循環不良，容易使血液固化。結果，血液凝固所形成的血栓在血管中流動，有可能堆積在肺部而引發肺栓塞等疾病。

步，卻也是事實。」

　會這麼說，也是因為依照現在的體制，如果地震發生在半夜，則光是把自治體的職員集合到辦公室就要花上大約30分鐘。而從那個時候開始成立災害對策本部，又要花一段時間。更別提，萬一地震把縣政府或市公所等建築物震倒了，則災害對策本部根本無法發揮功能。透過119或110等電話傳來的訊息，都由自治體職員從眺望塔加以確認，藉此掌握災害的損害狀況。訊息利用電話或傳真傳達，集中寫在白板上進行整理。

　而只有在災害對策本部方圓大約10公尺範圍內的人，才能夠直接得到這些集中而來的訊息。外面

傳統的資訊傳達體制

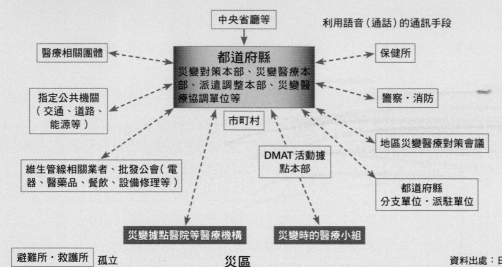

災變發生時，來自現場的訊息先集中到設置於自治體的災變對策本部，再傳送給相關機關。市民難以接觸到集中的資訊，恐怕會像傳話遊戲一樣地傳送不正確的訊息。而且，行政組織也是縱向切割，組織合作十分困難。

資料出處：日本總務省「大規模災變緊急通訊手段的樣態研究會」報告書（2016年6月）

今後期望的資訊傳達體制

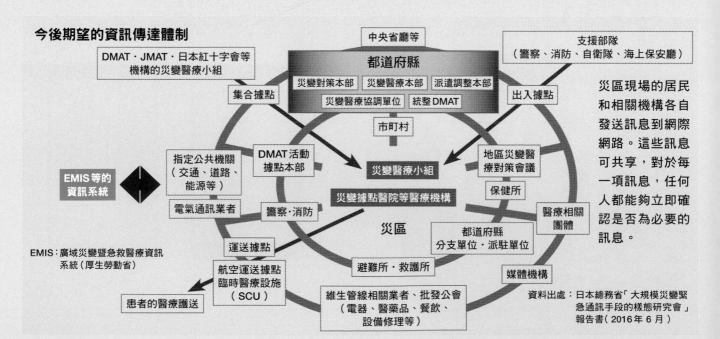

災區現場的居民和相關機構各自發送訊息到網際網路。這些訊息可共享，對於每一項訊息，任何人都能夠立即確認是否為必要的訊息。

EMIS：廣域災變暨急救醫療資訊系統（厚生勞動省）

資料出處：日本總務省「大規模災變緊急通訊手段的樣態研究會」報告書（2016年6月）

※3：搭載AI的音箱。呼喚「OK Google」、「Alexer」等等之後，進行詢問或指示，音箱能理解人的話語，依指示播放音樂，或播報天氣預報，或操作家電製品。

※4：利用AI與人類對話的電腦程式。例如，「對應諮詢」、「對應訂購」等等的作業，可以由AI代替人類執行。

SNS 資訊分析系統示意圖

避難

在避難所等待時機

孤立

上傳到ＳＮＳ（Twitter、Facebook、LINE、PPS等）的龐大訊息量

SNS資訊分析系統（AI）

災變對策本部等等

災變發生時，立刻把災區居民的第一手訊息上傳到SNS。對這些數量龐大的SNS訊息，分析自何處傳來的內容之訊息件數。這項作業由利用AI的SNS資訊分析系統執行。自治體的災變對策本部等單位查閱這些分析過的來訊，立刻了解現場狀況、亟需物品，而能迅速地採取對策。

的人想要得到這些訊息，只能打電話向災害對策本部詢問。但若許多人同時打電話進來，電話線路立刻爆滿。而且，在傳達訊息之際，就像傳話遊戲一樣，非常有可能會轉變成錯誤的訊息。

但是，在現今這個時代，任何人都能連上網際網路。尤其近年來，在SNS（社群網路服務）上，一般人也能發送訊息。AI的自動語言處理技術漸趨實用化，「AI音箱」[3]、「聊天機器人」[4]、「機器翻譯」、「社交機器人」[5]（communication robot）等等也陸續出現。善用這些科技來幫助防災，就是電腦防災聯盟正在努力的工作。

AI在災變現場如何發揮功用？

現在，電腦防災聯盟正致力於把SNS的訊息運用在防災上。災變發生時，許多人會帶著錢包和智慧型手機行動。身陷災區的人，發出自己現在處於何種狀況、需要什麼支援等等的訊息，而如果這項資訊能讓行政機關或醫療機構等單位獲知，就能立刻採取行動。尤其SNS有個優點，就是它連照片也能上傳，更容易讓人了解現場的狀況。

但是，SNS的訊息數量將會變得十分龐大，不太

可能逐一細看全部的災情訊息。此外，人們的遣詞用字不見得精準，搜尋想要知道的訊息也要花費一些工夫。例如，在推特[6]上想要搜尋「缺乏物資」的訊息，則除了「缺乏物資」，也要一併檢索「物品不夠」、「物資匱乏」等等，才能掌握全部相關的訊息。

在這方面，SNS資訊分析系統就派上用場了。由於東日本大震災的關係，促使資訊通訊研究機構開發出SNS資訊分析系統，利用AI整理龐大的SNS的訊息。這個系統會把對於「不足的東西是什麼」之類提問的訊息集合起來，也能確認是由誰發出。

以前這些處理訊息的工作都是由行政職員執行。但若交由機器執行，可以立刻得知受災的狀況，即早啟動災害對策。而行政職員則能夠專注於更高度的判斷。

最大的課題是行政部門對於「脫類比化」的抗拒感

當然，這樣的系統在邁向實用化的過程中必須克服許多課題。首先，災變發生時總是會謠言滿天飛，所以必須採取謠言對策。不過，山口副教授表

※5：能夠使用語言或身體與人類互動的機器人。主要活躍於醫療領域和服務業。例如Pepper和Paro就是這個類型的機器人。

※6：美國推特公司（Twitter）提供的SNS。上傳所謂「推文」（tweet）的短文，向他人公開，得以與人溝通交流。

電腦防災聯盟企盼的世界

1.

災變一發生，立刻上傳損害狀況。　　由AI分析上傳的訊息。　　自治體、警察、消防、媒體機構等加以確認。　　支援部隊出動。

2.

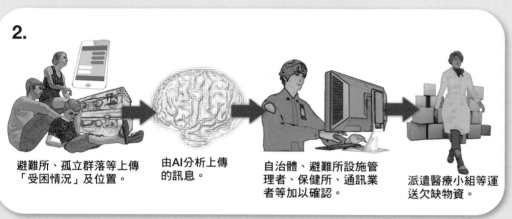

避難所、孤立群落等上傳「受困情況」及位置。　　由AI分析上傳的訊息。　　自治體、避難所設施管理者、保健所、通訊業者等加以確認。　　派遣醫療小組等運送欠缺物資。

3.

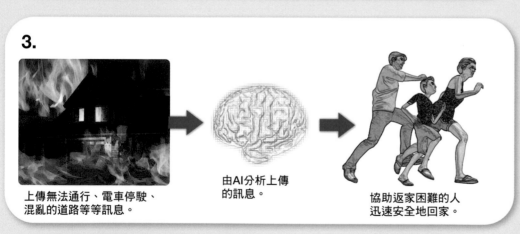

上傳無法通行、電車停駛、混亂的道路等等訊息。　　由AI分析上傳的訊息。　　協助返家困難的人迅速安全地回家。

4.

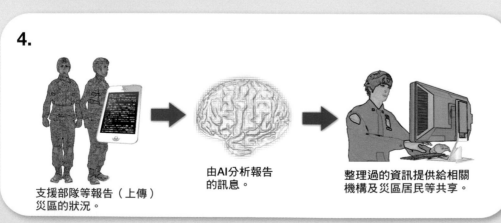

支援部隊等報告（上傳）災區的狀況。　　由AI分析報告的訊息。　　整理過的資訊提供給相關機構及災區居民等共享。

---

1. 了解災變損害的資訊

地震等災變發生時，透過上傳到SNS的訊息，立刻了解災區受災處及其受害程度的狀況。掌握災情，可以讓警察及消防人員有效地出動，進行救人和復原。

2. 了解受災者的「困乏狀況」

藉由SNS了解避難所毛巾不足、孤立群落即將斷糧、有急病患者等等災害現場的窘困狀況。掌握受災地點及其需求，讓便利商店或超級市場等能夠迅速有效地送達物資，或派遣志願人員及醫療小組前往救援。

3. 讓返家困難者取得正確資訊

從公司等處返回住家的途中，遇到火災等原因造成道路禁止通行、電車停駛、道路堵塞等等，趕緊把這些狀況上傳到SNS。透過聊天版（chat board）把這些訊息發布給市民，讓其他返家有困難的人也能知道道路前方發生了什麼狀況。這麼一來，不僅可以緩和不安的情緒，並且可以避免「走到死胡同」而折回或停步難行，得以儘快回到家裡。

4. 減輕災變對策本部的負擔

現在，災變時傳達資訊的主流方法，都是使用電話或傳真傳送，再把這些訊息寫在白板上加以整理。辦公處所的電話有好幾十條線路，馬上就爆滿了，資訊的蒐集和散布都必須耗費很長的時間。但是，查閱整理過的SNS訊息，能夠立刻共享正確的訊息。此外，如果能夠取得預先整理過的資訊，則災變對策本部的承辦人不必再浪費大量勞力在整理資訊上，能夠專注地做出更明智的決策。

災變狀況摘要系統「D-SUMM」

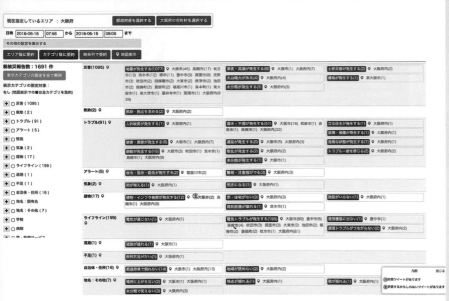

這是資訊通訊研究機構開發的SNS資訊分析系統「D-SUMM」的螢幕畫面。開放給任何人都能查閱。本畫面是分析2018年6月大阪府北部發生地震時的推特訊息。地震發生後，報告受災狀況的訊息紛紛上傳，1分鐘後大約50件，10分鐘後多達1000件左右。這些訊息都經整理成各類內容。點擊各個項目的連結，也能確認個別的訊息。SNS的優點是照片也可以一起上傳。什麼地方發生什麼事，只要查閱訊息，立刻就能知道。

D-SUMM
https://disaana.jp/d-summ/

示，本質上，SNS很能排除謠言。因為只要有人在SNS上傳不實訊息，立刻會有人回覆「不，那是錯誤的」，大家就開始討論。此外，AI雖然無法判斷訊息的正確性，但它能找出訊息之間是否有矛盾存在。資訊通訊研究機構在電腦防災聯盟成立之前就已經致力於利用AI的這種特徵來擬訂謠言對策。利用稱為「D-SUMM」的資訊分析系統，如果SNS的訊息有矛盾，AI能偵測出來，並標註「矛盾」的記號。標註了這個記號的訊息由行政人員加以確認，藉此讓正確訊息得以透過SNS發布出去。

此外，老年人是不是持有智慧型手機，也是一個令人擔心的問題。不過，這個問題好像也沒有那麼嚴重。因為根據總務省的資訊通訊白皮書，60歲年齡層民眾的智慧型手機持有率從2016年到2017年上升了10個百分點。山口副教授進一步說明，「即使老年人沒有智慧型手機，如果周圍使用手機的人能夠發揮共助的精神，幫他上傳訊息就行了。而且，就算不會打字傳送電子郵件，也可以使用AI音箱，只須對機器說話，機器就會回答。一旦建立這樣的機制，這個問題就能獲得解決。」

過去發生大震災時，大家都會搶著打電話相互聯絡，造成電話很難打通、電子郵件遲遲無法收發的狀態，SNS會不會發生這樣的狀況呢？當然，充分整備不畏災害的基礎建設是一個課題，但因Twitter和LINE[7]資料中心的抗災能力很強，像電話和電子郵件這樣不容易取得聯絡的狀況應該不會發生。此外，電話打不通的阪神大震災，距離現在已經超過20多年了，如今的通訊手段有電話、電郵、SNS等等，十分多樣化，也分散了各種聯絡手段的負荷。

比這些更大的課題，其實是行政現場的心理抗拒感。2017年4月，國家防災基本計畫做了修訂，要求國家及地方公共團體都有義務，努力把AI技術引進災害資訊的分析整理。話雖如此，在習慣於傳統作業流程的自治體現場，許多人顯示出對於AI的引進存有抗拒感。因此，接下來，如何把AI轉換成行政現場容易使用的系統，而逐步推行AI的引進，將是一個大課題。山口副教授強調：「如果不知道新系統會有怎樣的效果，就很難引進現場，所以未來也必須施行效果的測定。」

（執筆：今井明子）

※7：LINE股份有限公司提供的SNS。主要是可以使用智慧型手機免費傳送、接收訊息和通話。

商業與
人工智慧

協助　馬場 惇／波川敏也／Signpost股份有限公司／鈴木智也

最近，AI機器人引導客人進入商店，選擇商品並加以推薦的場景越來越多了。除了這種在店面接待客人的情況之外，諸如無人店鋪的結帳、商品的銷售分析等等，在零售業的領域中運用人工智慧（AI）的情況也屢見不鮮。甚至，企業的人員招募、預測股價趨勢以幫助投資的AI也都在開發之列。

在第5章，讓我們一起來看看在商業界活躍的AI吧！

AI與零售業

無人AI商店

接待AI

AI與員工招募

人工智慧即將改變零售的世界

人工智慧（AI）引進零售業現場的例子越來越多了。

CyberAgent股份有限公司AI Lab的馬場惇主任研究員表示，零售業運用AI的方法，可大致分為「計測」、「最適化·效率化」、「對話機器人」這三個方面。

「計測」是指辨識在店面購物的顧客的年齡、性別及「買了什麼商品」、「在哪個賣場停留很久」等行為，並加以記錄的作業。在這方面，會運用到圖像辨識、機器學習等AI的技術。此外，AI在店內即時辨識顧客行為的機制，結合無人自動結帳貨款的機制，使得沒有店員的「無人商店」已經開始實用化了。

第二個「最適化·效率化」，是指運用AI來分析第一個「計測」所得到的顧客行為及銷售等資料。分析的結果可用於改善店面的配置及賣場的設計以求增加銷售，或設定商品的價格，或預測將來的業績會如何變化等等。像這種運用AI來分析資料的情形，如今在商業界已經相當普遍了。

第三個用途「對話機器人」，是指由電腦程式或機器人代替真人執行店面的接待及顧客服務窗口的對應。這個方面大多還處於基礎研究的階段，想達到實用化還有許多課題必須克服。但是，如果這種接待和對話能夠自動化，則人類可以不必從事這類處理顧客投訴而造成極大心理負擔的「感情勞動」（emotional labour），這是很大的優點。

深入到銷售現場的AI

不必在櫃台排隊，只要走出店面就能自動完成結帳付款。選購禮物時，可以詢問店內的接待機器人。這樣的時代可謂指日可待。

「沒有櫃台的店面」將成為理所當然的未來

有沒有看過農家自行經營的農作物無人販賣店呢？這種無人商店是由客人自己把錢投入箱子裡，直接帶走想買的蔬菜。這種商店採取信任的簡單機制，讓顧客自己誠實地付錢，而在不久的將來，或許便利商店及車站的販賣店也將轉變成乍看之下和這種無人商店極為相似的面貌。不過，其實它是利用最尖端的AI代替店員值班，連結帳也能一手包辦的「無人AI商店」。

2018年1月，Amazon在美國設立了一家無人商店「Amazon Go」，造成很大的轟動。在日本，部分超級市場和大型便利商店、鐵路公司等也開始推行無人AI商店的計畫，並展開試賣實驗。

零售店的基本功能是向顧客收取貨款，並給予商品做為交換。為了因應無人方式實現這個機制，必須使用人類以外的工具，來執行辨識客人買了什麼商品的部分，以及向客人收取貨款的部分。目前還在實驗階段或已在運作的無人商店，大多是利用AI施行圖像辨識來掌握客人的行動和手中所購的商品，而貨款的結帳則利用電子貨幣或手機應用軟體的結算功能，藉此實現無人化。

零售店利用AI等最新科技，即時掌握從貨架上取下的商品，節省已往在櫃台個別讀取商品條碼的時間，對客人來說，也免掉了在櫃台前排隊完成結帳的麻煩。在商店這邊，櫃台無人化，所以不需要設置人員站在櫃台值班，可以大幅節省人力，解決人力不足的問題。地方人口減少和整體社會少子化及高齡化導致慢性持續人力不足的時代即將來臨，對這種無人AI商店的需求，將會越來越高漲吧！馬場主任研究員說：「實現無人商店所需的科技已經確立了，未來5年內，無人AI商店將成為十分平常的存在而隨處可見！」

無人商店的試賣實驗

在JR赤羽車站月台實施無人AI商店的試賣實驗現場。這項實驗由Signpost股份有限公司、JR東日本、JR東日本StartUp股份有限公司共同合作，使用Signpost公司開發的AI無人結帳系統「超級夢幻櫃台」（Super Wonder Register），嘗試讓車站的零售店做到完全無人化的程度。顧客進入商店時，要先感應交通類電子貨幣憑證，入口處的門就會自動打開，讓客人進入。店內用攝影機辨識客人的行動，掌握客人從貨架取下的商品。走出商店時，再次感應交通類電子貨幣憑證，客人所購商品的貨款就直接從電子貨幣結帳支付。

2.

這間實驗商店販賣大約140種商品。店內的AI系統利用裝設在天花板的16架攝影機，以及裝設在貨架的大約100架攝影機，來辨識客人從貨架上拿取的商品。如果商品又擺回貨架上，也能正確辨識。

1.

在商店入口感應電子貨幣憑證，自動門就會打開，讓客人進入。目前，為了安全起見，一次只能容許一人進入，但就系統來說，即使有許多人在店內，仍然可以分別正確辨識。

3.

站在出口閘門的地方，客人所購商品的清單和應付金額會顯示在畫面上。只要把電子貨幣憑證在此接受感應，即可完成結帳。

從貨架取下的商品，由於是即時掌握，所以就算放入提袋或口袋也沒有關係。全部會列入結算商品的清單內。而且，只要電子貨幣憑證沒有在出口閘門處接受感應，閘門就不會打開。藉此防止偷竊等不法行為。

開發能做到「殷勤款待」和「周全照料」的AI

　　零售業的領域有個很大的特徵，就是無論實際店面也好，網際網路上虛擬商店也罷，都是以顧客這個「人」為對象的活動。因此，不論是在店面的待客，或服務窗口處理購物顧客的詢問或抱怨等等各種狀況，都必須做到一如「人對人」周到而細微的應對。

　　以前認為，把這類勞動自動化，或者換成機器及電腦程式來代為執行，是相當困難的事情。但是，隨著AI和機器人技術的發展，「對話機器人」的研究有了長足的進展，已能取代人類來執行一直以來始終被認為只有人才做得到的細緻待客及應對，或輔助其中部分工作。

　　日本大阪大學和CyberAgent公司的共同研究小組，在實際的網路商店進行一項對話機器人程式的測試實驗，以對話的形式處理商品選購的諮詢工作（右頁圖）。此外，在顧客服務窗口，利用對話機器人在提出客訴的顧客和負責處理的店員之間做為雙方對話的和事佬，是否能夠幫助減輕顧客的「怨懟」呢？這樣的研究也在進行中（左頁圖）。

程式與顧客對話

這裡所舉的案例，是企業服務窗口及電商網站上，在顧客與企業對話的情況之中運用對話機器人的實驗。這項實驗是在研究探尋：在應對客訴的情況中引進對話機器人，是否能夠緩和顧客的憤怒情緒；又或者，由對話機器人推薦符合顧客喜好的商品，是否具有提高業績的效果。

在客訴處理中撫平顧客的怨懟

在顧客服務的對談畫面中插入對話機器人的實驗。對話機器人辨識顧客和企業交談言詞中的關鍵字，出面擔任對話的和事佬。並非企業和顧客之間一對一的關係，而是創造包括機器人在內的3角關係，希望此舉能夠有效地撫平顧客的憤怒情緒，縮短處理的時間。

好的。無法切換的問題是吧！您有沒有輸入正確的切換ID呢？　11:27

已經正確輸入了。　11:28

0和O之類容易混淆的文字有沒有輸入錯誤呢？　11:28

已經確認過好幾次了。　11:28

那，現在能不能再輸入一次，再做確認呢？　11:29

我不是已經說確認過好幾次了嗎？　11:29

承辦人的應對從一開始就非常不合理。希望站在體貼顧客心情的立場來處理。　11:29

對不起！因為輸入不小心而造成錯誤的例子很多，所以會請您一再確認。　11:30

所以我有好好輸入啊！　11:30

馬場主任研究員說：「利用對話機器人程式來輔助感情勞動，能夠減輕承辦人員的壓力。而在顧客這邊，由於對話機器人的介入參與，也有可能在購物或售後服務的場合獲得更大的滿足感。」

需要接待AI的零售店店面，除了顧客以外也有路人，而且聽得到各種環境背景聲音，對於圖像辨識、語音辨識來說是非常嚴苛的環境。而且，也要具備遠比智慧型手機的語音機器人和AI音箱等更加複雜且細緻的對話能力。因此，想要讓AI在接待顧客的現場真正取代人類工作，看起來還需要一段很長的時間。

馬場主任研究員接著又談到：「因此，若要讓對話機器人能實際派上用場，就要設計成讓顧客只須選擇即可順暢進行對話的狀況，來接待顧客；或者創造出顧客與服務人員與機器人『３者』進行對話的場景，以便緩和投訴顧客的怨懟。像這種運用以社會心理學為基礎的功夫，來提高顧客滿意度的技術，也是相當重要的考量因素，我們目前正在研究中。」

（第78～83頁執筆：中野太郎）

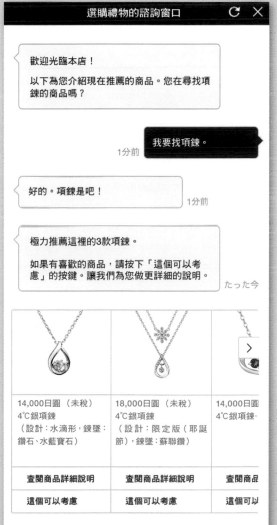

對話機器人和商品購買率

對話機器人	商品購買率（%）
無	1.23
有 （仔細聆聽顧客的條件做出建議的類型）	1.68
有 （以店家推薦的商品為基礎做出建議的類型）	2.63

比起沒有利用對話機器人幫助銷售的情形，有對話機器人做商品建議的商品購買率高出1.3～2.1倍。

提出店家推薦的商品以及符合顧客喜好和預算的商品

實際的珠寶電商網站，利用機器人協助客人選購贈禮用珠寶的測試實驗例子。機器人提出的購物建議有兩種類型，一種是以店家推薦的商品為基礎做出建議，一種是依照顧客喜好的款式和預算等條件做出建議。

員工招募交由AI評價的時代即將來臨

「這個AI的性能很好」、「那個AI馬馬虎虎」等等，不單單只是我們人類在評價AI的時代即將來臨。現在，AI已經能夠在企業的徵才考試中協助評價人類了。

以往，談到企業的招募徵才，主要是由人事主管審閱應徵者提交的報名表、履歷資料等文件，進行面試後，決定採用的人選。究竟要把AI運用在人事評估的哪個環節呢？

研究最多的項目，是在文件篩選時引進AI。例如，把過去由面試官評價過的報名表和履歷資料給AI做為「摹本」，讓AI熟習各家企業視為合格報名表和履歷資料的採用標準。根據這個學習結果，AI對實際提交的報名表和履歷資料給予評價，篩選出可以進入下一關接受面試的人才。除了文件之外，還能學習面試的模式，從而進行面試的AI，目前也在開發之中。

過去，人事主管每逢徵人考試就必須審閱數量龐大的報名表和履歷資料。如果這項作業能交由AI代為處理，不僅能減輕負荷，也能大幅縮短作業的時間。

此外，也能減少以下等等問題，以提高徵用人才的精準度。例如，錄用標準因人事主管而搖擺不定，或判斷是否錄用時的「著眼點」，因人事主管的主觀而有所偏差。

而且，不只是招募人員的時候，就連錄用後的人事配置也可以利用AI來協助。

根據「2018年就職白皮書」，在人員招募作業中引進AI的企業有0.4％，研議中的企業有7.5％；若只看員工超過5000人以上的企業，則研議中的企業攀升到23.4％。

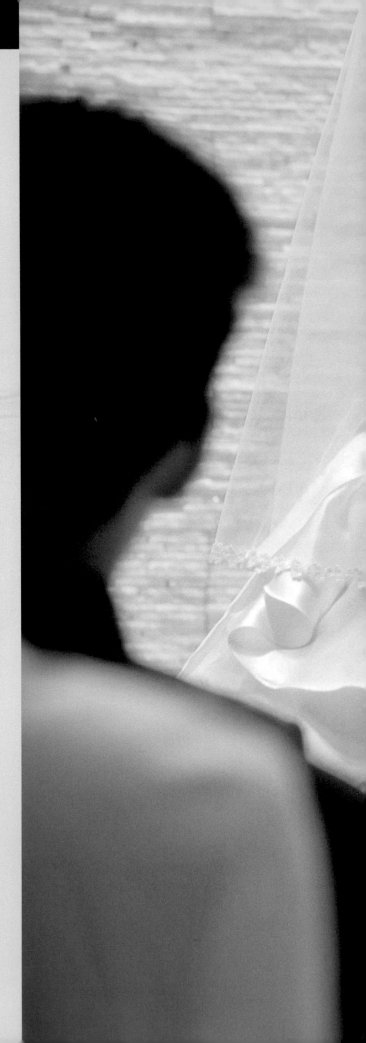

AI為你推薦結婚的對象

AI評價人類的情形並不僅止於企業的員工招募。甚至也能對想要結婚的男女提出最適切組合的建議。

以下就為您介紹利用AI處理相親的方法之一！首先，把尋找結婚對象的人（假設是Ａ小姐）的資料給AI。在給予的資料中，包括Ａ小姐的興趣、價值觀等等可以了解Ａ小姐人格特質的資訊，同時也包括Ａ小姐對於未來對象所要求的條件等資訊。

儲存累積在結婚支援機器人中的「成婚資料」，AI事先已經完全獲悉，這是過去配對成功而結婚的兩當事者個人資料。AI以這些資料為藍本，學習會結成佳偶的模式。

AI取得Ａ小姐的相關資料後，從在學習模型中登錄為會員而成功結婚的女性當中，搜尋和Ａ小姐相似類型的女性，再從現在登錄為會員的男性當中，搜尋和這位女性的結婚對象相似類型的男性，然後把有可能和Ａ小姐順利結婚的男性候選人打上分數。介紹人參考這個分數，選擇適當的對象介紹給Ａ小姐。

像這樣，介入結婚活動市場的AI，可以減少介紹人的負擔，特別是經驗比較少的介紹人。

利用AI預測股價能做到什麼程度？

人工智慧（AI）也開始運用在金融領域。最近，連決定投資標的的AI也出現了。要如何利用AI做股票投資呢？讓我們來請教一下研究開發股票投資AI的鈴木智也博士。

Newton——究竟，股票是什麼樣的東西呢？

鈴木——假設要創立新企業的話，需要龐大的資金。此外，所需的資金越多，失敗時的風險就越高。因此，發行股票從資本家募集必要的資金。而資本家則依照出資的金額取得相應的股票。如果該企業成功了，則依照出資的金額分配利益。股票也具有分配利益之保證書的作用。

如果該企業的成長是可以期待的，那麼分配額也將隨之提高，因此會有許多人想要擁有該企業的股票。同時，也會有一些人基於某些原因想賣出股票，所以就開始在股票市場上進行交易。想要股票的人越多，股票的價格就越漲高。另一方面，如果企業的成長不被看好，想要擁有的人就會減少，股價就下跌。

Newton——有人氣的股票會漲，沒人要的股票會跌。

鈴木——投資的背後，有投資者對該企業未來成長的預測。股價這種東西，相當於參與股票市場的全體投資者的預測值。

Newton——最近，利用人工智慧（AI）做股票投資也備受注目。股票投資也因為AI的引進而有很大的改變吧？

鈴木——股票投資確實已經有在運用AI了。不過，目前的運用是以超短期及短期的交易為主。在這些領域，藉由自動化進行高速交易越來越重要，所以運用AI比單靠人類更有利。

但是，中長期的交易，受到社會情勢及經濟狀況的變化所影響，前提條件和經濟框架會有很大的變化。像投資這種宛如解謎一般的情形，若不是由能做柔性思考的人腦來下決定，是很難做判斷的。

股價能預測嗎？不能嗎？

Newton——為什麼股價會變動呢？

鈴木——剛才也有提到，股價好比是投資者對該企業的期望值。它的值會發生變動，乃源自於社會情勢和個別企業的消息（資訊）。發生的消息是正面或負面，會影響股價上漲或下跌。

在經濟學上，關於股票市場的價格有一個很有名的「效率市場假說」（Efficient-Market Hypothesis，有效市場假說）。這個假說主張：假設發生新的消息，接觸到這則消息的投資者會依據這則消息做合理的判斷，立刻買或賣股票，所以股價是一直在反映發生新消息之股票的價

鈴木智也
日本茨城大學研究所教授、茨城大學理工學研究科機械系統工學領域長、CollabWiz股份有限公司董事長、大和投資信託金融工程師運用部特聘首席研究員。理學博士，專攻金融資料科學，現在的研究主題是運用AI的集體智慧施行未來預測及異常檢知。

格。效率市場假說的前提是確有投資者存在，他們能合理判斷所獲知的消息，並且將之反映在買賣上。

消息的發生，可能是好消息，也可能是壞消息，沒有一定的規律，端視投資者的看法而定。這些消息會立刻反映在股價上，所以將來的股價也必然只會做不規則的變動。大家或許以為，把消息反映在股價上的投資者就會賺錢吧！但投資者不只一人。也就是說，讓特定投資者一直賺錢的「投資必勝法」這類的東西並不存在。

Newton──如果效率市場假說是正確的，那麼誰也無法預測股票吧！

鈴木──如果效率市場假說正確，是這樣沒錯。但是，這個假說也有可疑之處。例如，就算某個人得到了消息，他能不能瞬時反映在股價上呢？股票市場也有受人類心理驅動的部分。從行為經濟學可以得知，人擁有各式各樣的癖好，有時會做出不合理、沒效率的行動。

實際上，有些人看到拉麵店大排長龍，判斷它很受歡迎，完全不思考那家店是不是真的很好吃，就跟著排隊。

這種從眾效應的行為是造成泡沫經濟等等不合

理價格的主因。所謂泡沫經濟，就是由於投機等行為的加溫，導致資產的價格上漲到遠遠超過實際價值的現象。一旦投機熱潮降溫，資產的價格會急速下跌。也就是說，股票市場並非像效率市場假說所說的那樣有效率地運作。因此，許多人不同意這個主張股價無法預測的假說，而想要預測股價。

Newton——教授您也不認為效率市場假說是正確的嗎？

鈴木——我也常作股價預測的研究，亟思得到效率市場假說的反證。股價是由許多人的考量而形成的。其中應該也含有因人類心理而產生的好惡之類的成分。

例如，在日本，年底的12月和年度末的3月，會因為獲利已確定等結算因素，使得賣出的單子變多；但是在年初的1月和新年度的4月，買入的單子則常會增加，所以股價也容易上漲，這是效率市場假說無法說明的異常現象。從眾行為造成的泡沫經濟、暴漲現象（某種物品的需求驟然增加，導致價格急遽飛騰的現象）也是異常現象之一。

根據效率市場假說的說法，當消息發生時，會立即反映在股價上。若發生好的消息會使股價上漲，若發生壞的消息則會使股價下跌。好消息和壞消息的發生並沒有規則性，所以股價的推移也是不規則的，完全無法預測。但是，我在想，它或許不是完全不規則的，有時也會有規則地推移的情形。我對於其間的轉折十分有興趣，想要試著分析股價變動的資料，於是開始研發股票投資的AI。

股市的分析肇始於江戶時代

Newton——股價的預測，一般是會使用什麼方法呢？

鈴木——具代表性的股價分析方法，有「基本面分析」（fundamental analysis）和「技術分析」（technical analysis）這兩種。

基本面分析是依據公開的企業財務指標（評價業績及財務狀態的指標）及經營狀況做投資的判斷。這些資訊是構成股價的基礎部分，所以分析這些資訊稱為基本面（基礎）分析。

另一方面，技術分析則是把在此之前的股價變動記錄下來，做成各式圖表，再去分析它們的模式，試圖找出其中的規則性，以便預測股價。股價隨著時間的經過而變動，所以能夠把它的值逐一記錄下來，呈現在圖表上。這可以針對特定標的來做，也可以綜合多個標的來做。和財務指標等資訊沒有關係，完全根據圖表的變動找出某種規則性，就是技術分析的做法。

技術分析據說是江戶時代的日本人本田宗久（1724～1803）為了預測米市的價格變動而構思設計的方法。後來傳到了美國，查理斯·道（Charles Henry Dow，1851～1902）創立了現在的道氏理論（Dow Theory），成為技術分析的基礎。

Newton——將電腦運用於股價預測是從什麼時候開始的呢？

鈴木——早在電腦正式導入之前，就已經發展出一門稱為「數學金融學」（Mathematical Finance）的學問，運用數學來處理金融領域的問題。電腦是從1980年代前後開始普及，運用電腦做投資判斷也是從這個時候才開始。在此同時，也出現了從事市場動向的預測及分析、金融商品的開發等等的數學分析專家，稱為金融工程師（quants）。只是，當時金融資料的取得相當困難，所以這樣的專家可謂寥寥無幾。

Newton——像現在這樣，個人投資者運用電腦是從什麼時候開始的？

鈴木——從大約10年前開始吧！例如，現在上網檢索的話，即可免費取得日經平均股價（代表日本225家標的的平均股價，日本的代表性股價指標。）或紐約股票市場的道瓊平均股價（美國的

鈴木博士暢談AI在股票投資上的應用。非常熱情地述說著，目前利用AI來判斷標的的成功案例很少，所以想利用集體智慧（詳見第93頁的介紹）開創出成功的案例。

代表性股價指標，美國各個業種的代表性標的的股價平均值）的資訊，這些資訊以前必須向專門的業者購買。另外，還有稱為「最小變動單位資料」（tick data）的逐筆詳細交易紀錄，也要向證券交易所直接購買。

此外，電腦的性能也有大幅度的提升，即使個人也能利用個人電腦進行基本面分析和技術分析，所以利用電腦進行分析才會越來越廣泛。

利用AI會越來越不需要交易員

Newton——AI的引進也只是大約10年前才開始的事吧？

鈴木——其實，AI在稍早之前就引進了。在1980年代發生的第二次AI繁榮期中，開發出專家系統（expert system）的程式，把各種領域的專門知識放入電腦，希望使電腦能表現得像各個領域的專家一樣。專家系統也有引進到金融業界，從1980年代的後半期開始，幫助業務的自動化。當時，只是速度較快而已，還沒有厲害到專家的程度。

Newton——這個系統曾運用在哪些部分呢？

鈴木——在回答這個問題之前，我們先來談一下股票投資的機制吧！

在股票投資的世界，有「基金管理人」（fund manager）和「交易員」（trader）這兩種息息相關的角色。基金管理人判斷投資的股票標的，決定哪支股票要用多少錢買多少股數，然後把這些資訊交給交易員，由交易員下單。

Newton——由基金管理人直接下單不是比較快嗎？為什麼還要特地拿給交易員去下單？

鈴木——那是因為一口氣下大單的話，會造成股價變動的緣故。這個效果稱為市場影響力（market impact）。股價往往反映了人氣的高低，想買的人越多，股價越上揚。一次下大單的話，會造成一時之間想買的人暴增的狀態。股票的買賣，光是下買單並不能成立，還要有人願意以這個價錢賣出才行。也就是說，如果想買的股數比想賣的人所擁有的股數多出許多，則光是這

個行為就會促使股價上漲，結果必須以比原本想買的金額更高的價錢才能買到。

也就是說，如果市場影響力造成了股價的變動，則下買單的人將會以不利於自己的條件進行股票的買賣。為了防止這種情況，交易員會切割成數個小份再下單。但若切割得太小份，導致時間拖得太長，則可能也會有股價變動的風險。因此，產生了專門做股票下單的交易員。交易員要練就儘快下買單卻又不會去動到股價的功夫。AI已經在逐漸取代這個交易員的角色。

Newton——具體而言，是運用在什麼樣的情況？

鈴木——現在，AI應用較多的地方是「執行演算法」（execute algorithm）和「高頻交易」（HTF，high frequency trading）這兩個領域。所謂的執行演算法，是使交易在既定條件下成立，所以能做到高速化、自動化。

Newton——另一個高頻交易又是什麼意思呢？

鈴木——高頻交易含有執行演算法，但它是指把交易所花費的時間縮短到最極限，而在短時間內大量實施小口交易的程式。股票和貨幣等的交易，以前是透過人在執行，但現在逐漸電子化，普遍透過電腦進行交易。由於電腦撮合交易的發展，出現了1秒鐘能做數百次至數千次交易的高頻交易。

例如，有買單和賣單同時下單的情況。受歡迎的標的得到眾多投資者的注目，所以會頻繁地成立買賣。一般來說，買價較低，賣價較高，所以能夠低價買入而高價賣出該標的，其間的差額就是利潤。只是，如果股價大幅變動，將會以不利的價格買賣，所以必須在瞬時之間察知股價的變動而修正買賣的價格。若能盡快進行這個修正，就能確實地賺到錢。而且，美國有許多家證券交易所，所以同一個標的可能出現不同的價格。只要在低價的地方買入，高價的地方賣出，就能確實賺取利潤，所以擬訂這個策略進行投資。

Newton——感覺高頻交易輕輕鬆鬆就能賺到錢了啊！

鈴木——但也沒這麼容易。高頻交易只是個發現瞬間絕對賺錢的策略而已，但這種瞬間只會持續非常短暫的時間。如果不能在毫秒（1秒鐘的1000分之1）的世界中實現交易，就無法完成這樣的交易。而且，必須擊敗許多打著同樣算盤的競爭者才行。也就是說，兵貴神速。聽說有人為了比眾多競爭者更快上一些些進行交易，投資了數兆日圓的巨大金額，購入能做高速處理的電腦，鋪設專用的光纖線路。如果沒有做到這麼龐大的投資，便無法比其他人更快下單。對於個人投資者來說，這是一個玩不起的世界。

期待很高卻成效不彰的AI運用

Newton——剛聽到AI的投資時，以為它連標的都能做選擇。可是，沒有這樣的AI嗎？

鈴木——在日本，由AI分析可能會影響股票市場的資料並選擇標的的投資信託商品，賣出了20種左右。但是，這些商品的投資績效不太出色。根據2018年9月的報導，幾乎全都低於日經平均股價和東證股價指數（TOPIX：以在東京證券交易所第一部上市的股票標的為對象所算出的股價指標）。投資信託有手續費，所以如果沒有高出TOPIX很多的話，根本不會賺錢。AI運用廣受眾人期待，但卻陷入苦戰的窘況。

Newton——到底為什麼AI運用會大受期待呢？

鈴木——許多人認為用AI會賺錢的主要原因是大數據（big data）。說到股價預測，或許有很多人認為就是數值資料的分析，但現在，消息、財務快報（企業發布結算內容的整理報告）、分析師報告（專門分析股票的分析師等，並做市場預測的報告）、SNS上頭的資訊等等，充滿了各式各樣的資料。

除此之外，最近的例子，甚至有人在著手研究，把日本銀行黑田東彥總裁在記者會中的表情

進行圖像分析，以便運用在投資上。分析企業老闆的語音做為投資判斷的材料，相信不久之後也會付諸實現吧！

Newton——在做投資判斷時，如果使用數值以外的資料，會有什麼好處呢？

鈴木——股價預測的困難之處，完完全全就在於交易資料不足。例如，針對某個標的，即使以一天為單位收集交易資料，一年也只能取得250筆。這個筆數要提供給AI學習是有困難的。若要滿足AI的學習，至少也需要5000筆。這就相當於20年份的資料。

此外，如果要節省伴隨買賣而發生的交易手續費，就會變成以週為單位。這麼一來，收集20年份也只有1000筆左右，資料嚴重不足。因此，也要利用文字等等數值訊息以外的資料，以便補充數值資料於本質上的不足。

Newton——這個手法有效果嗎？

鈴木——運用數值訊息以外的資料，究竟能不能幫助金融預測，目前仍然是一項極具挑戰性的嘗試。在電腦科學的領域，有一句話叫做：「垃圾進，垃圾出。」意思是說：「如果拼命輸入無意義的資料，也只能得出無意義的結果。」現在的AI運用，正處於努力從這樣狀態跳脫出來的時期。

利用多個AI來預測股價

Newton——教授似乎也是用AI做股價預測。您做過什麼樣的AI呢？

鈴木——我做的是10年前開始受到注目的「集體智慧」（collective intelligence）。集體智慧是指由許多人合力建構的知識。例如，美國有名的知性節目發生了一個現象，諮詢普通人的問卷結果，正確性會比諮詢專家來得高。

由這個例子及眾多事例可知，集體智慧比具有專業知識的「專門智慧」還要更接近正確答案。AI的領域也已經在使用由多個AI進行集體學習的手法。我也是從大約10年前開始，把集體學習引入股價的預測，並在近年發表了集體智慧AI的預測方法。

使預測的正確性突飛猛進的「集體智慧AI」

股價

? 上漲
下跌

隔天股價會上漲還是會下跌？面對這個二選一的問題，與其只靠一個AI來預測，不如用19個AI採取多數決來預測，正確率會更高吧！不過，前提是每一個AI都要獨立做預測。而且，如果各個AI的答對機率為50％，則即使採取多數決也無法提高預測的準確度。也就是說，創造出獨立且預測準確度高的AI，是提高集體智慧AI之預測準確度的關鍵。

各個AI的答對機率	50％	55％	60％	65％	70％
多數決的答對機率	50％	67％	81％	91％	97％

資料出處：日本大和投資信託「向AI運用挑戰
根據鈴木智也 茨城大學教授的解說」

Newton——如何利用集體智慧AI預測股價呢？

鈴木——最初建構的機制是由多個AI做多數決，以此做投資判斷。現在不只是這樣，而是建構了一個系統，用來選擇集體智慧AI所推薦的標的。

Newton——具體來說，如何選擇股票標的呢？

鈴木——首先，使用1000個AI，對每一個股票的標的預測其股價的變動。這1000個AI都是相同的模型，但為了提高各個AI的獨立性，先做出許多份欠缺少許部分的資料，而且每份資料欠缺的部分都不同，再把各份資料以隨機分配的方式給予各個AI。也就是說，各個AI是依據各別不同的資料來預測股價，因此所有AI都是做獨立的預測。

然後，製作各個AI對每個標的算出的股價預測值的分布圖（見95頁圖）。也就是說，把明天的股價和今天相同的線設為0，判定會上漲或下跌，再把它們排在一起做成分布圖。如果所有AI都顯示上揚的話，可以解釋成判定那個標的的價格會上漲的可信度比較高，因此選擇該標的。

Newton——選擇多個AI以一致預測會上漲的標的吧！

鈴木——沒錯！利用集體智慧，可以提高預測的準確度。例如，把19個猜中機率是55%的AI集合在一起，預測準確度可以提高到67%。若是把19個猜中機率是70%的AI集合在一起，則多數決的猜中機率可以達到97%。這可以用高中數學簡單地計算出來。

利用集體智慧提高股價的預測準確度，並不是什麼新鮮事。我的系統除了這個之外，還可以藉由觀察預測的分布狀況判斷可信度的高低。

即使能夠預測，但資金的運用才是困難所在

Newton——利用教授所開發的集體智慧AI做標的判斷，命中的機率有多高？

鈴木——由集體智慧AI做標的判斷，以小型標的來說，大多是選擇交易量較少的，也就是比較沒有人氣的標的。受歡迎的標的，一有消息傳出，大家會馬上搶那個機會。但是，沒有人氣的標的，就比較不會被人搶走機會。在模擬中，能以60～80%的準確度※選擇會上漲的標的。

Newton——那麼，實際做投資的話，應該會賺錢吧！

鈴木——事實上，也有一些部分不是那麼簡單。現在，想要開發一些利用集體智慧AI的投資信託商品，但是在進行更實務的考察之後，發現了模擬中所沒有的困難處。

首先，如果把大筆資金投到小型股，會增強市場影響力，產生了因自己的投資行為而改變價格預測值的風險。即使建立妥善的執行演算法，迴避市場影響力的風險，但是在實際的市場中，下單之後到買賣成立為止，會有時間差。這個時間差會造成必須以比原本交易更高的價格去買，導致投資的獲利下降。

甚且，AI擅長的是一天左右的短期交易。AI是電腦程式，無法從事超出程式範圍的交易。對中長期交易來說，由於社會及經濟的狀況一直在變化，AI無法跟得上它們的變化。如果反覆執行多次的短期交易，手續費會隨之增加，把成本拉高。也就是說，股價的預測固然能做，但實務上，資金的運用有其困難之處。所以必須再研究如何壓抑時間差和降低成本的機制。

Newton——集體智慧AI的開發，今後會如何進展呢？

鈴木——就集體智慧AI而言，很重要的一點是提高各個AI的獨立性。提高獨立性的方法有「變更給予AI的學習資料」、「改變AI的學習模型」、「改變要求AI達成的目標」這三種方法。現在只採用改變學習資料的方法，不過在下個階段會考慮也要採取改變目標的方法。

現在，已經配備了1000個以挑選明天可能會上漲的標的為目標的AI，接下來打算再加上不

※：非限定於小型標的的結果。

可望利用集體智慧AI提高預測準確度的標的

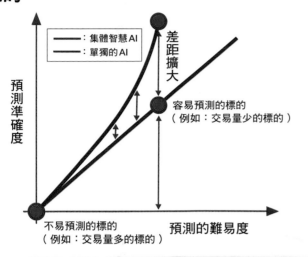

依據AI預測的分布來挑選標的

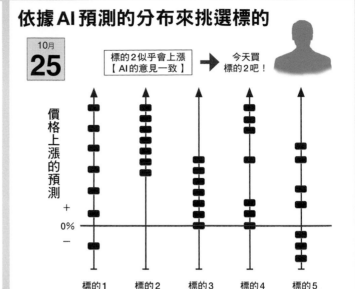

（左）交易量多的標的競爭者也多，比較難預測。交易量少的標的，被搶走的機會也少，股價較易預測。集體智慧AI對於這種容易預測的標的，具有提高預測準確度的效果。　資料出處：日本大和投資信託「向AI運用挑戰 根據鈴木智也 茨城大學教授的解說」

（右）插圖所示為集體智慧AI的股價預測和標的選擇的機制。集體智慧AI的各個AI對各個標的計算次日的股價上漲率（圖中藍色方塊）。然後，挑選所有AI都預測上漲率高的標的做為有自信的標的。即使有一個AI顯示高上漲率，但其他AI都預測下跌，在這種情況下，由於以全體的意見來說，自信並不高，所以不選。

資料出處：日本大和投資信託「向AI運用挑戰 根據鈴木智也 茨城大學教授的解說」

同目標的AI，例如，加上1000個重視獲利率的AI，或加上1000個重視損益平衡的AI等等，使獨立性更加提高。

Newton──這麼一來，預測的準確度就能提高了嗎？

鈴木──獨立性越高，預測可信度的高低會越明確。這也涉及對集體智慧AI有沒有自信。如果分布是集中在一個地方，就能有自信地做判斷；如果是零零散散地分布，就會沒有自信。自信有無的差異如果十分明確，就更加容易挑選有自信的標的。

而且，哪種AI要分配多少比例，是由使用者來決定。根據使用者的考量確立投資方針，究竟是無論風險多大都要追求獲利，或者是也要考慮虧損的風險而做有效率的運用等等，就能夠推薦符合這個方針的標的了。

Newton──集體智慧AI在股價預測以外的領域也能發揮作用嗎？

鈴木──這個系統在做的判斷，是「AI的集體判斷如果不是零散的，就會對它的預測有自信；如果十分零散，就會沒有自信」。如果著眼於預測的自信度和難易度，也可以建構出其他系統吧！例如，顯示醫療診斷的難易度而推薦第二選項的系統。

Newton──未來，會不會有那麼一天，只有AI在做股價的預測呢？

鈴木──沒有這回事。受到社會及經濟情勢所左右的中長期投資標的的判斷，只有人類才能搞定吧！AI的優點在於它能夠高速自動處理大量資料。把它做為補充人類不足之處的工具使用，例如利用AI幫人類快速檢查大量資料，方為上策。

Newton──深入了解AI和人類的特徵，把AI善加利用，是非常重要的事啊！非常感謝您。　🪐

（執筆：荒舩良孝）

藝術與
人工智慧

協助　小長谷明彥／稻本萬里子／上野未貴／松原 仁／三宅陽一郎

人工智慧（AI）並不只是從事生活中必需的工作。在表現人類感性的藝術領域也看得到它們活躍的身影。

在第6章，將為你介紹參與繪畫的鑑定與製作、漫畫製作的支援、小說的執筆、遊戲的製作等等AI。究竟AI是以什麼樣的機制從事創作活動呢？「AI藝術家」能不能與人類藝術家共存共榮呢？

能分辨作者特色並模仿其風格的AI出現了

期待在美術史研究上的應用與新式繪畫的誕生

數百年前完成的繪畫當中，有許多作品無法確定作者（畫家）及流派。畫家及流派的確定，對於正確理解美術史是非常重要的資訊。日本東京工業大學的小長谷明彥教授和日本惠泉女學園大學的稻本萬里子教授共同開發了一種人工智慧（AI），能用來推定江戶時代製作的「源氏繪」之畫家流派。這個AI能鑑別人類肉眼難以區別的差異，以95%以上的準確度識別流派。能夠辨識畫家特色的AI將會給美術界帶來怎樣的改變呢？

協助：**小長谷明彥** 日本東京工業大學情報理工學院教授　　**稻本萬里子** 日本惠泉女學園大學人文學部教授

在日本，有許多以源氏物語為題材所描繪的「源氏繪」。描繪源氏繪的畫家流派各有各的風格特色，但流派的判別並不簡單。因此，有人開發AI技術，能學習主要流派所描繪的源氏繪圖像，進而推定其流派。這幅作品是供AI學習的「源氏繪」範例。為土佐派畫家的畫作，目前由美國大都會美術館所收藏。如果AI有辦法推定流派，就能闡明人類肉眼難以推定的源氏繪流派，促使美術史研究的進展往前跨出了一大步。

源氏繪是以平安時代的紫式部撰寫的小說《源氏物語》為題材所描繪的繪畫作品。源氏繪是日本製作數量最龐大的物語繪（故事圖畫），迄今尚未能一窺全貌。源氏繪研究的專家稻本教授想要了解江戶時代前期所描繪的「源氏物語繪卷」的流派。稻本教授認為，關於這個作品的流派，各個研究者的見解分歧，必須有人類以外的觀點才能做下結論。

描繪源氏繪的畫師大致可以分為兩個主要流派。不同流派所傳承的表現和技法各自不同。其中一個流派稱為「土佐派」，傳承古代日本傳統的「大和繪」技法。另一個流派稱為「狩野派」，它的特色是納入了受到中國繪畫影響的日本繪畫「漢畫」的水墨表現風格。除此之外，還有從狩野派分支出來的「岩佐派」、「海北派」，以及擁有獨特畫風的「琳派」等流派。

AI採行與人類不同的繪畫鑑別方法

美術史研究者在鑑定土佐派和狩野派的時候，會著眼於貴族臉部以及馬與松等背景的描繪方式。例如，土佐派的特徵是把眼睛畫成一

條線的模樣，狩野派則是清楚地畫出上下眼皮和黑眼珠。話雖如此，許多作品並沒有非常明確的區別，要判別屬於哪一個流派並不是那麼容易。

因此，稻本教授和AI專家小長谷教授合作，拿560張分別出自土佐派、狩野派、岩佐派及其他流派所描繪的源氏繪畫中人物的臉部圖像，讓AI學習並嘗試進行判別。

這個AI配載了兩個程式。第一個程式是「YOLOv2」，擅長執行偵測「人臉」及「住宅」等指定物體的作業，利用它從源氏繪分離出臉部圖像。第二個程式則是擅長識別細微圖形差異的「VGG」，利用它參照已經學習過的流派的繪畫特徵，藉此推定流派。採行這個方法，能夠以96.5％的準確度鑑定流派。

此外，也利用另一個程式「Grad-CAM」，把AI所聚焦之臉部圖像的某部位加以可視化。由此得知，AI和人類專家一樣注意眼睛的形狀，或相反地關注不太引人注意的耳朵或耳朵上部的毛髮（鬢髮）。另一面也得知，人們會注意的鼻子，AI並不關心（見100頁照片）。

新特徵的發現使研究大幅躍進

AI新發現聚焦耳朵及鬢髮的推定方法，也幫依靠人眼推定流派的方法注入一股活水，把研究向前推進了一大步。稻本教授表示，依據AI的結果，美術史研究者將各個流派圖畫中人物的耳朵拿來比較，確認狩野派具有仔細描繪耳朵線條的傾向。不過。因為圖畫的尺寸很小，人們似乎很難清楚地分辨。或許可以說，AI很適合找出人類肉眼不易區別的細微差異。

另一方面，人們會在意的鼻子，AI並沒有注意。鼻子常被畫成「く字形」，所以人類是觀察它在整張臉上的位置、鼻子兩旁的空白等等，再和其他地方做比較，從而認出鼻形。但是，AI是從圖像的各個角落找出和學習的形狀一致的特徵，藉此辨識各個器官，所以對於描畫線條比眼睛和耳朵簡單許多的鼻子，似乎很難把它識別為一個器官。AI似乎有某些形狀是較擅於辨識，也有些形狀是不擅於辨識的。

如何處理AI得出的結果？

由AI施行流派推定的結果，在美術史研究者之中的接受度如何呢？設計AI的小長谷教授說：「推定的結果是以數值呈現的客觀的東西，所

利用Grad-CAM把AI聚焦的部分可視化

AI學習的「源氏物語圖屏風」（美國大都會美術館收藏）之局部。左側為海北派，中央及右側為土佐派畫家所畫的臉。海北派的發展過程深受融入中國繪畫表現風格的日本「漢畫」和狩野派的影響。土佐派則傳承了日本傳統的「大和繪」。兩個流派的風格形成對比。從藍色越接近紅色，表示AI的辨識力越強。從這些圖像可以得知，AI具有聚焦鬢髮和額頭部位的傾向。

以我們相信它能做中立的判斷。」

另一方面，稻本教授說：「美術史學會是把它當成研究者的一個意見來進行處理吧！這次AI得出的推定結果，如果表示贊同的人增加了，或許就會成為定論。」

在美術史的研究上運用AI，這是一項先驅性的嘗試，所以，在現階段，要讓所有研究者都接納AI的結果，恐怕相當困難吧！

美術品資料的蒐集是一堵高牆

關於未來的展望，小長谷教授說：「除了臉部的特徵之外，連繪畫中的其他部分，如松樹、馬、岩石等等的特徵也讓AI學習的話，應該可以做到準確度更高的判別吧！」技術上，這個AI也能應用在推定其他繪畫的畫家，或者用於識別雕刻、版畫等其他美術品的風格。是本人所畫的作品嗎？或是贗品？在哪個年代描繪的作品呢？如果諸多方面都能識別的話，或許也能應用在美術品標價的鑑定上。不過，美術品資料的收集並沒有那麼簡單。

這次AI學習所用的資料，是稻本教授的恩師，前東京藝術大學的田口榮一教授所收集的幻燈片。若要對其他逸失的「源氏物語繪卷」及其他源氏繪也能同樣地進行推定，則世界各國的美術館及私人收藏品的資料也必須蒐集進來。但是，稻本教授表示，即使是以研究為目的，想要取得作品的拍攝許可也不容易，而且曠日費時。

實務上，資料的蒐集好像成了開發AI的一堵高牆。

出現價值達4800萬日圓的「AI畫作」

把能夠識別特定畫家特色的AI，和執行作畫的AI，或把作品輸出成為實物的3D列印機組合起來，或許光靠AI就能進行繪畫的製作。

實際上，已經有利用AI模仿17世紀荷蘭畫家林布蘭（Rembrandt Harmenszoon van Rijn，1606~1669）的風格，製作出原創作品的成功案例了。這是微軟公司和林布蘭博物館等單位共同推行的「下一位林布蘭」（The Next Rembrandt）計畫的成果。

這項計畫是拿346幅林布蘭的作品給AI學習這些作品的畫法特色，包括用色、構圖等等。依據這些特色

AI製作的畫作

左邊是AI製作的「林布蘭風格」原創作品。拿346幅荷蘭畫家林布蘭的作品供AI學習其特色，再利用能重現顏料質感的3D列印機，創作出該幅作品。右圖則是AI所畫的世界第一幅原創肖像畫「艾德蒙·貝拉米」。這是AI學習了 1 萬5000幅各個年代的肖像畫之後所創造出來的作品。

自動產生新繪畫的程式，以及能夠重現顏料質感的3D列印機，即可輸出畫作。結果，列印出來的作品，即使說它是林布蘭的真跡也不會有任何不協調的感覺（上左照片）。

在法國有一個名為「Obvious」的團體，把各個年代繪製的 1 萬5000幅肖像畫，提供給搭載最新深度學習手法「GAN」的AI進行學習，而製作出原創的肖像畫「艾德蒙·貝拉米」（Edmond De Belamy）。該作品經評價為世界第一幅由AI繪製的原創畫，在紐約的拍賣會上拍出約4800萬日圓的價格（上右照片）。

AI畫家和人類畫家共存共榮

能夠模仿某個人的畫風而畫出的作品，或者根本沒有任何人畫過的作品，這樣的「AI畫家」未來應該會越來越多吧！不過，要輸入什麼樣的資料、要畫出什麼樣的作品，終究還是由人類來做決定。

此外，在現代美術的領域，除了表現和技法，對現代社會的批判和對既存價值觀的顛覆等等概念，也成為評價的對象。AI本身對於作品的方向性無法從零開始思考，所以在現階段，AI畫家想要完全取代人類，應該有其難度吧！

此外，利用AI施行繪畫的重現也有一些困難。對於源氏繪的重現，稻本教授說：「金箔及礦物顏料等源氏繪所使用的原材料十分昂貴。而且，3D列印機無法做到質感的重現，長年劣化的結果很難重現。」AI畫家能夠製作的繪畫種類是有其限度的。

關於AI畫家，稻本教授說：「若能不僅僅只是模仿某人，而是具有現代美術所沒有的原創性，或許能成為一種新的藝術類型。此外，AI的作畫技術，可以像音樂中的電子音響合成器（synthesizer）或電腦混音器一樣，用來做為藝術家的表現技法之一，也可以成為把風格穩定下來而量產相似作品的『徒弟』。」

AI畫家可以成為人類畫家的得力助手而廣被採用，或實現人類手藝難以做到的表現，藉此和人類共存共榮。而且，我們可以如此說，其中隱藏著促使現代美術大躍進的可能性。

（執筆：大嶋繪理奈）

了解故事和出場人物情感的AI，未來將可支援漫畫家

分辨圖像，理解話「哏」

日本漫畫不只在其國內受到歡迎，也獲得全世界的關注。人工智慧（AI）也會和漫畫家一樣，畫出趣味橫生的漫畫嗎？日本豐橋技術科學大學的上野未貴助理教授持續不斷地研究，希望開發出不但可閱讀4格漫畫，也能了解故事的哏和出場人物情感的AI。一旦和人類一樣能理解故事，AI或許也能參與漫畫的製作。人類漫畫家又將如何利用AI創作出有個性的作品呢？

協助：上野未貴 當時為日本豐橋技術科學大學情報メディア基盤センター助理教授
現(2020)至大阪工業大學工學部電子情報システム工學科，設立創作情報工學研究室。

把4格漫畫的畫格依照適當的順序排列看看（左）。哪一個畫格是露哏的畫格呢？了解這個哏嗎？

目前正致力於讓AI學習4格漫畫畫格的特徵及出場人物的情感。期待這番努力或許有助於開發出能理解故事的AI。將來AI說不定能支援人類漫畫家的創作。

人們在繪畫時往往會對形狀、顏色、配置等等賦予特殊的意涵。但是，電腦是集合具顏色資訊之最小單位「畫素」（pixel）來辨識圖畫和照片（統稱為圖像），所以無法理解人們隱藏在圖像之中的意涵。

為了讓電腦理解圖像的意涵，必須把顯示描繪內容的標籤，例如「海」、「樹」、「女性」等等，附加在圖像上，給予電腦（AI）預先學習「海是什麼樣的圖像」、「樹是什麼樣的圖像」。

AI辨識圖像中拍攝（描繪）內容是什麼的能力已經有了很大的進步。再接下去，就是理解排在一起的多幅圖像在述說什麼故事。這是一項極具魅力的挑戰，因此，上野助理教授使用故事比較簡單的「4格漫畫」著手開發能理解故事的AI。

AI能判別「話哏」所在的畫格

從好萊塢電影及神話、傳說等的研究得知，人們覺得有趣的故事有好幾種「類型」。上野助理教授把4格漫畫大致分成7種類型。

實際的4格漫畫大多是在第4格露哏的類型，稱為一般型，如果是在第一格就露哏，則稱為出哏型。把一般型和出哏型分別準備10個故事，由5位漫畫家依據同一個故事畫出4格漫畫（見104頁漫畫）。然後把這個一般型和出哏型的漫畫，供予AI學習畫格圖像的特徵。學習所採用的方法稱為「卷積類神經網路」（CNN）。

對於熟習一般型的AI，提供同樣一般型的4格漫畫，讓它從第1格逐一看到第4格。每看一個畫格都要求它判斷「是不是第4格」，亦即是不是露哏的畫格。利用這個方法，試試看AI熟習露哏畫格的特徵之後，能不能判別露哏畫格和非露哏畫格。對於熟習出哏型的AI，也多是採行相同的方法。

以人類來說，看到4格漫畫，可能會以「在不是哏的第1格，大多是描繪說明狀況的背景，而在露哏的第4格，則大多描繪表現情感的人物臉部吧！」的想法來找出畫格的特徵。但AI有可能發現與人類想法不同的畫格特徵。

此外，在實驗中還進行了另一項動作，就是讓AI學習畫格中所描繪人物的情感，讓它去推測其他畫格的人物情感。

上野助理教授說：「在這次研究中，顯示了AI能捕捉4格漫畫的畫格特徵而加以判別的可能性。我們期待，這是邁向開發出能夠理解故事的AI的第一步。」

AI和人類的差異在於背景知識的有無

若要讓AI能產出原創的故事，則先讓AI理解故事是不可或缺的要件。

人類之所以能夠理解某段情節是一個故事，是因為人類透過生活所累積的種種經驗，吸收了事物發生的因果關係及知識。

但是，AI並不具備這樣的背景知識，而要讓它熟習人類擁有的全部背景知識會有困難。就算AI把圖像及話語自動重新排列，創造出這個世界沒有的「原創」故事，但若事件的過程很奇怪，或是出場角色的言談很突兀，那麼很可能人類也無法理解那是一個故事。

為了創造出人類覺得合情合理的故事，AI必須能夠把畫格的順序連成一串加以理解。例如，假設有一個故事是主角一頭撞在電線桿上，不料被人看到，覺得很不好意思。這個故事的畫格依序應該是「主角一頭撞在電線桿上的畫格」、「感覺痛得要命的畫格」、「路人笑哈哈的畫格」、「主角臉紅的畫格」。

上野助理教授表示，現在正在把4格漫畫中的多個畫格編為一組，提供給AI進行學習。讓AI以時間順序來思考畫格的特徵，例如「頭撞到所以會痛」、「被笑所以不好意思」等等，或許可使AI理解事件的過程。

4格漫畫常見的兩種類型

一位漫畫家根據相同的故事畫出兩種類型的 4 格漫畫。左側是第 1 個畫格露哏的「出哏型」，右側是第 4 個畫格露哏的「一般型」。在露哏的畫格中，可看到出場人物的情感有了變化的描繪。目前正在進行一項研究，讓AI學習露哏畫格的圖像特徵，或推測所畫的出場人物的情感。

漫畫家在繪製畫格時，會意識到不要連續採用相同的構圖。增加由多位漫畫家依據相同故事繪製的作品量，讓AI進行學習，未來的AI或許能夠明確地判斷最容易傳達場景意涵的畫面構圖，以及做些變化也無妨的部分（顯現漫畫家個性的部分）等等。

動畫對製作 4 格以上的漫畫很有效

如果是比 4 格漫畫更長的故事，又將如何呢？關於這一點，上野助理教授說：「使用動畫讓AI學習事物行動的變化，或許是一個有效的方法。」

漫畫只截取必要的場景，場景和觀點有時會突然改變。4 格漫畫是依據最低限度的必要訊息而成立的，所以這個傾向特別強。但若是動畫，便可以連續觀察人和物是如何作動。如果能讓AI透過動畫理解人和物的變化，便能以 4 格漫畫為基礎，於畫格之間採用追加其他場景的方式，改變成長篇故事。

現在，能認識動畫的AI研究工作也逐漸開展，未來可望把這些

了解「最適畫格的畫法」

等到AI懂得分辨各個位置的畫格圖像特徵時，不只是故事的創作，就連畫格中畫面的構圖，或許AI也能為我們思考。

在一般的漫畫世界中，不會有多位漫畫家畫同一個故事的情形。但是，這次研究所用的資料卻是由多位漫畫家依據同一個故事所畫成的 4 格漫畫。比較這些 4 格漫畫的結果，可以看出漫畫家的畫法，會有某個場景均十分相似，而某個場景又各具明顯的差異。蒐集關於這種畫法殊異的資料，或許有助於發現更好的畫

法，例如，各個場景的主要表現手法、易於傳達涵意給讀者的構圖等等。

再者，我們來比較一下，兩位漫畫家依據「女性對男性的度假方式非常好奇，其實他是一個積極參加偶像現場秀的追星族……」這樣的內容，所畫出來的作品（見105頁漫畫）！在第 3 畫格，兩位漫畫家都呈現穿著法被（譯註：號衣，領上或背後印有字號的日式短外衣）的背影。但是第 2 畫格的構圖，一位是以女性為中心，另一位則是以男性為中心。

即使是相同的故事，不同漫畫家會有不同的畫法

根據同一個故事，由兩位漫畫家分別畫出4格漫畫。各個畫格中，有相似共通的部分，也有迥然不同的部分。藉著蒐集這些相異處的資料，將來或許可由AI向人類提議，對於一個故事應該畫出什麼樣的畫格。

技術組合起來，運用在漫畫的製作上。

生活在現代的人類無法重現

上野助理教授也在開發具備「故事提案應用軟體」的AI，提供正在尋找新靈感的職業漫畫家，或剛開始想嘗試繪製漫畫的新手使用。該應用軟體具有故事和畫格構圖的提案功能。若這個軟體開發成功，或許能自動製作漫畫。屆時，「AI漫畫家」說不定會取代人類漫畫家吧？

對於這個疑問，上野助理教授說：「動畫製作等方面，在人手不足的現場，或許有些時候AI會代替人類進行某些作業，但要利用AI做出符合時代和潮流的新表現，恐怕不太容易吧！」

漫畫的表現方式會隨著時代演進。例如，靈光一閃的時候，頭上會冒出一顆電燈泡。實際上並沒有電燈泡在發光這回事，但之所以認為能以此來表達靈感，多半是出自漫畫家個人的感受與性格吧！

接著，其他漫畫家受到這個表現方式的影響，或許會改成不是從頭上冒出電燈泡，而是飛出星星什麼的。如此這般，一個漫畫家的個人感受與性格也會影響到其他漫畫家，從而改變漫畫的表現手法。

社會問題及漫畫以外的潮流時尚也會影響漫畫的內容和表現。

即使AI能模仿過去的漫畫家，但想要創造符合時代潮流的新東西，或表現現代人的生活感受，似乎沒有那麼容易。

而且，就算人類從AI那邊得到了故事和構圖的提案，也可以不是單純地按照提案去做，而是勇於脫離窠臼，加上自己的創意。甚至，還可以依據提案的內容加以改編。

以上述4格漫畫中出現的「穿上法被，前往偶像的演唱會」的場景，也可以解釋成「穿上特別的服裝，前往眾人聚集的場所」。如果把它改成「穿上支持球隊的制服，前往足球場看比賽」，也都是合情合理的故事。

與其認為AI會取代人類漫畫家，不如說它可以降低繪製漫畫的門檻、豐富漫畫家的靈感，和人類一起發展未來的漫畫文化！

（執筆：大嶋繪理奈）

培育以科幻作家星新一為摹本而撰寫小說的「AI作家」

2015年，有一部小說參加第三屆星新一獎，並且通過了初審。這部小說的書名是《電腦撰寫小說的日子》。後來，這部小說的作者揭曉，成為轟動一時的大新聞。為什麼呢？因為作者是「AI作家」。我們為您訪問開發出AI作家，並正在努力培育其成長茁壯的日本公立函館未來大學的松原仁博士。

Newton—製造出撰寫小說的人工智慧（AI），也就是AI作家，這真是個獨特的計畫啊！

松原—這個想法起源於以科學為主題的小說文學獎「星新一獎」。星新一先生是日本極具代表性的科幻作家。事實上，在這個獎創立的2013年之前，就曾聽到作家瀨名秀明談起這個文學獎，當時便興起了一個念頭：讓AI寫一部小說去參加的話，不是很有趣嗎？

於是在2012年9月5日星先生的生日當天，啟動了讓AI寫小說的「心血來潮人工智慧計畫作家」的計畫。

Newton—這是一項創造AI作家的計畫吧！

松原—雖然稱為AI作家，但是在我們目前已經公開的作品中，並沒有運用到引發第三次AI繁榮期的「機器學習」、「深度學習」之類的技術。而是在「人類和電腦分工合作撰寫小說」的意義上稱之為「AI作家」。不過，現在也正在研究如何把機器學習引進小說的撰寫（後面會有詳細說明）。

Newton—人類和電腦如何分工合作呢？

松原—就包括參加第三屆星新一獎的小說在內，目前已經發表的2部作品[1]來說，小說的故事是由人類來構思，然後再由電腦依照這個故事撰寫內容。

撰寫長篇文章時必須有條有理

Newton—請教一下，電腦撰寫文章的機制是如何進行的？

松原—所謂的文章，是句子的組合。我們學習「文法」做為組合句子的規則，所以也可以教電腦學習文法，然後叫它寫文章。我們可以指定規則給它，例如主語、述語、補語以什麼順序排列，補語又是由哪些更小的單位（前置詞、名詞等）組成且以什麼順序排列，各個單位中含有什麼樣的單詞等等。

Newton—那麼，把句子和句子組合起來的文章，是如何從其中產生的呢？

松原—在我們的計畫中，負責讓電腦產生文章的佐藤理史老師開發了「捉刀人」（ghostwriter）的程式。這個程式會依照人類給予的故事，亦即

※1：《電腦撰寫小說的日子》、《我的工作》這2部作品。

松原 仁

日本公立函館未來大學副理事長，未來分享股份有限公司董事長。工學博士，專精人工智慧。目前致力於人工智慧、遊戲資訊學、觀光資訊學的研究。2012年創設AI小說計畫「心血來潮人工智慧計畫作家」。本計畫的AI小說《電腦撰寫小說的日子》參加第3屆星新一獎初審通過。著作有《原子小金剛能實現嗎？》、《AI擁有心靈嗎？》、《預測未來的頭腦》（合著）等等。

大綱，撰寫句子。就像「故事的開頭描寫天氣。接著主角登場。接著……」這樣，給它所要述說的內容鋪陳順序。

Newton─電腦接受了大綱之後，如何創造出句子呢？

松原─例如，假設給電腦「小說的開頭，請描寫天氣」的指示。但是，即使被告知要描寫天氣，電腦還是不知道該怎麼辦才好。因此，預先在電腦中建立一個「天氣」的類別，裡面有「晴」、「雨」、「熱」、「陰暗」等表示天氣的語詞。這麼一來，電腦就可以從裡頭隨機挑選出一個。

Newton─憑著電腦的「心血來潮」來決定天氣做為小說的舞台啊？如果是人類作家，可能會再三斟酌吧？

松原─沒錯。只是，這不是報告書，而是小說，所以單單只是告知天氣，未免太平淡了吧！要像小說那樣，描寫得更細膩一點。即使是「陰暗」的天氣，也有許多不同的表現手法。「令人鬱悶不安的陰暗日子」或「死氣沉沉的天氣」之類的。在「陰暗」的天氣底下再建立更細的類別，放入各式各樣的表現手法。這麼一來，就可以從這個類別裡面，再次隨機挑選出適當的表現手法。把這些表現手法依照文法排列，就串成了描寫天氣的句子[※2]。

Newton─也就是說，預先在電腦裡面儲存了許多詞彙。

松原─沒錯。採用同樣的方式，對於「讓主角登場」、「描寫室內的場景」等等的內容，也是從詞彙裡面隨機選取語詞和表現手法，然後再串連成句子。

Newton─聽老師這麼說，感覺只須給它述說的順序和詞彙，電腦就能簡單地創作小說了。

松原─當然也不是那麼簡單的事情啦！小說必須有前後一脈相承的連貫性，即使每個句子本身的意思是通順的，但把這些句子串連成一篇文章的時候，內容必須連貫，否則把它當成小說來讀，一定會有怪異不通的地方。

※2：有時會把相關文字加進目錄當中。

電腦是隨機選取語詞和表現手法來組成句子，但是，如果一直沒有任何想法而只是任意選取的話，這些選擇彼此之間極可能出現矛盾不合條理的地方。

Newton─怎麼說呢？

松原─以主角的描寫為例子來說吧！電腦裡貯存有關於小說主角的名字、性格等等詞彙。而且在各種性格之中，也有彰顯這個性格的故事片段之類別。

在小說開頭的地方，有「讓主角登場」的指示，因此電腦會從主角的性格詞彙中隨機選取，例如「吊兒郎當的性格」，再從彰顯這個性格的故事片段中選取表達吊兒郎當的片段，然後組成句子。但是到了小說的後半，萬一電腦隨機地選了一段描寫，透露出主角是一絲不苟的性格，那該怎麼辦呢？一部小說的主角的性格前後不一，這樣就失去一貫性了吧！

Newton─這部小說裡面，從開頭到結尾都要保持一貫性，因而應該以吊兒郎當的性格寫下去才行啊！

松原─電腦最初是隨機任意選取。但是，隨著小說劇情的發展，後面所選的語詞和表現手法就必須吻合先前的選擇，所以為此設計了一套程式（見右頁圖）。我們參加第三屆星新一獎的AI小說《電腦撰寫小說的日子》（見112～113頁）是一部2000～3000字的作品，但越長則越難保持連貫的合理性。

想寫出具有星新一風格的小說

Newton─AI小說《電腦撰寫小說的日子》參加第三屆星新一獎，通過初審這一關。教授聽到這個結果時，心裡的感想如何？

松原─評審委員並不知道這是部電腦撰寫的小說，他們讓這部小說通過了第一次審查，似乎代表著這部作品被評價為閱讀起來沒有日語上的違和感。

不過，本計畫的目的是參加星新一獎等任何文

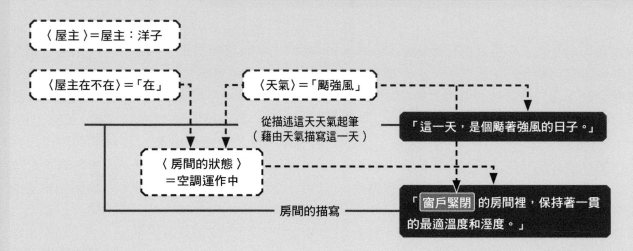

〈屋主〉＝屋主：洋子

〈屋主在不在〉＝「在」　　　　〈天氣〉＝「颱強風」

從描述這天天氣起筆　　　「這一天，是個颱著強風的日子。」
（藉由天氣描寫這一天）

〈房間的狀態〉
＝空調運作中

房間的描寫　　　「窗戶緊閉」的房間裡，保持著一貫
的最適溫度和溼度。」

本圖所示為電腦撰寫《電腦撰寫小說的日子》這部小說的文章開場過程，其中省略了一部分。文章是「這一天，是個颱著強風的日子。窗戶緊閉的房間裡，保持著一貫的最適溫度和溼度。」（和實際參賽的作品不同。）

　預先決定「屋主為洋子」、「屋主在房間裡（在）」等內容。首先，發出「藉由天氣描寫這一天」的指示。於是，從「天氣」的類別中隨機選取了「颱強風」。進一步，為了更細膩地表現這個「颱強風」的天氣而隨機選出「颱著強風的日子」。接著，發出「描寫房間」的指示。為了描寫房間，必須從類別中選出「房間的狀態」，但這個選擇受到已經選取的內容「屋主在房間裡（在）」和「颱強風的天氣」的影響。為了保持和這些內容一貫的條理，於是選取「空調運作中」做為房間的狀態。進一步，為了和「颱強風的天氣」的內容緊密結合，在這裡追加了「窗戶緊閉」的表現。就這樣，產生了描寫開著空調且關著窗戶的房間的文章內容：「窗戶緊閉的房間裡，保持著一貫的最適溫度和溼度。」

學獎都能得獎。和圍棋、將棋不同，人們對小說有個人的好惡，很難確認評價是好是壞，但若能獲得文學獎的肯定，即表示獲得了一定的評價，所以我們的目標是奪得文學獎。

　因此，在得知這個結果的時候，說實在的，有點失望吧！的確，我們也沒有想說一開始就要得獎，只是覺得：「如果要得獎，必須通過4次審查，而我們才通過4分之1而已。」不過，也有許多人在第一次審查就被刷下來，所以我們還是很高興有受到肯定。

Newton—參加作品的大綱是由人類來構思，不過，有沒有以哪位作家做為藍本呢？
松原—有啊！就是啟發這項計畫的星新一先生。
Newton—為什麼拿星先生的作品做為藍本？
松原—首先，我是星先生的粉絲。其次，由於星先生的女兒提議，我才能取得星先生1000部極短篇[3]作品做為研究的資料。

　但是最大的理由在於星先生的作品很容易分析，具有容易讓AI學習的特徵。

　首先，星先生的極短篇有清楚的哏。也就是說，故事的結構很清楚，很容易分析。

　而且，星先生的小說不會出現時代背景、流行、政治背景、男女關係、錯綜複雜的人際關係之類的東西，給予AI學習比較不困難。
Newton—您怎樣運用它做為藍本呢？
松原—關於已經發表的2部作品[1]，星先生的小說只有人類在構思大綱時做為參考之用。但是現在，計畫更往前推進，打算運用星先生作品的分析結果，讓電腦創作出具有星新一風格的小說。
Newton—具體而言，是分析哪些東西呢？
松原—作品的標題、哏的樣式等等。在1000部作品當中，可以大致分為「惡魔」、「藥」等30～40個標題。經常看到的哏的樣式有「主格反轉」等等。例如，看似惡魔愚弄了人類，但最後卻是人類愚弄了惡魔，使惡魔遭到悽慘的下場，諸如此類的哏。

　除此之外，也分析了單詞。目前正在研究建立一個在星先生的1000部極短篇作品中經常出現的

※3：比短篇小說的內容更少。

單詞的網路，調查在「惡魔」這個語詞經常出現的作品中也常常伴隨出現的其他單詞，亦即找出和「惡魔」具有強力連結性的單詞。換句話說，就是研究星先生遣詞用字的方式。

Newton—原來如此。

松原—我們也分析這些要素的組合方式哦！製作成圖表，縱軸是「星先生風格要素1」、橫軸是「星先生風格要素2」。在星先生的作品中已經存在的組合，就畫上圓圈。結果發現了要素1和要素2沒有交叉的地方，亦即實際作品中沒有的組合。我的想法是，運用這個組合，或許能創作出很像是星先生卻又是星先生作品中沒有的作品。我在想，再過不久，就會用這個方法創作一個故事來試試看了。

把小說給予AI進行機器學習時的重大障礙

Newton—從各種角度來分析星先生的作品。現在，生活中各式各樣場合使用AI機器學習的情形越來越多了。感覺上，如果教授的計畫也把AI的機器學習納進來的話，只要把星先生的作品資料供給AI，AI就會自動去發掘星先生的風格，創作出具有星先生風格的故事了。

松原—事實上，已經把星先生1000部作品的資料供給AI，試著讓它進行機器學習，但並不容易。1000部這個數量對於一位作家來說已是相當豐富，但用來做為機器學習的資料還嫌太少。此外，為了讓AI進行機器學習以了解星先生的風格，除了星先生的作品之外，還需要其他作家之字數差不多的極短篇作品，數量必須多達100倍左右。但是，同樣地，要蒐集數量這麼龐大的作品，真是一項大工程。

此外，即使讓AI去對星先生與其他人的極短篇做比較，但如果是完全不同的主題，就會不太明確應該以什麼要素做為判斷材料去學習星先生的風格，所以很難要求AI判斷是正確或不正確。

Newton—原來，讓AI對小說進行機器學習時，存在著這樣的障礙啊！那麼，把機器學習導入小說的創作是不合理的囉？

松原—不，要看機器學習的內容。例如，有一個方法是把星先生的作品切割，以一個句子為一個單位，讓AI學習。1000部作品這個數量對於機器學習來說是很少，但是，把這些作品每一部都切割成以句子為單位之後，數量就變得很可觀，可以用來做機器學習。

Newton—原來如此。利用切割來增加學習用的資料。

松原—沒錯。以一個句子為單位，讓AI對星先生的作品進行機器學習，創作出好像是星先生所寫的句子，這個嘗試已經成功了。接下來，要依照星先生常用之哏模式的故事，把這些句子串在一起，看看能不能組合成雖然不是星先生親自撰寫卻具有星先生風格的作品。

由「AI作家」包辦全部作業的小說沒有趣味？

Newton—這項計畫是打算逐步地讓電腦從創作星先生風格的故事到撰寫文章一手包辦，然後獲

要如何培育能創作出星新一風格的故事的「AI作家」呢？松原博士一邊思索著不斷嘗試錯誤的研究過程，一邊解說。

得文學獎吧？

松原—讓電腦創作星先生風格的故事，這樣的嘗試還沒有成功，但是讓電腦從創作故事到寫出文章一手包辦的作品已經問世了。可是，這部作品好像不太有趣。

Newton—這樣啊？到底是什麼樣的小說呢？

松原—除了我們以外，也有其他團隊的AI小說參加第3屆星新一獎。那是一個「狼人智慧計畫」小組所提出的作品。「狼人智慧計畫」推出玩「狼人殺※4」的AI。讓AI一直玩這個狼人遊戲，有時候會展開成有趣的故事，有時候則以非常無聊的結尾收場。讓AI玩遊戲，再由人類從多種展開的情節當中挑選最驚險有趣的故事，然後據此撰寫文章而成為小說。

Newton—也就是說，他們和教授的計畫相反，是由電腦創作故事，再由人類依照這個故事寫出文章內容。

松原—後來他們把AI玩過的狼人殺故事輸入「捉刀人」程式，合力寫成小說，參加第4屆星新一獎。也就是說，比起第3屆的參賽作品，這屆參賽作品中由電腦負責的部分大幅增加了。但是，這個作品連初審都沒有通過。

Newton—全部交給AI去做，並沒有辦法產生有趣的小說啊？

松原—很遺憾，是這樣沒錯。順帶一提，就算電腦能創作出星先生風格的有趣故事，但讀者覺得「好像在什麼地方曾經讀過」的作品是無法獲得文學獎的，所以這和我們想要得獎的目標互相矛盾（笑），但還是先創作出星先生風格的作品再說吧。

AI作家會創造新的類型？

Newton—現在的計畫是讓電腦創作出模仿星先生等作家作品的故事，但是它也能產生不拿任何人做為摹本的原創作品嗎？

松原—我認為可以。如果除了星先生的作品資料之外，同時拿例如100位左右的作家作品資料混合在一起，給予AI進行機器學習，那就已經不能說是接近某個人的作品，而是原創作品了吧！

Newton—您認為，以這種方式產生的原創作品，會不會打破現今的常識或封閉感等等，給創作的世界帶來巨大的影響呢？

松原—關於這個問題，以前，曾經和獲得芥川獎的又吉直樹先生談過一段話。讓電腦寫長篇文章，到半途會有走岔了的感覺。人類在寫作時，會一直懷著前後關係的意識。而電腦是逐句獨立撰寫，並不會注意到前後條理關係，所以會覺得不太連貫。我跟又吉先生提起，要讓電腦寫出條理一貫的文章非常不容易，又吉先生卻說：「不連貫也可以啊！不是嗎？」

現在的讀者當然不習慣這樣的作品，所以或許會覺得不通順。但只要把觀點改變一下，這有可能成為一種「逐漸走岔」的新類型小說，而且是人類很難寫得出來的類型。我期待它能建立一個和推理小說、歷史小說並列的「AI小說（人類很難寫得出來的小說）」的類型，而且有部分人成為粉絲。

Newton—「逐漸走岔」的風格嗎？還真是一下子無法想像的作品！等到電腦不斷地寫出很多小說的時候，大概就不需要作家了吧？

松原—不至於吧！人類作家創作一部作品要花很長的時間，但其中可能誕生聞名於世的作品。電腦則擅長在短時間內寫出許多60～70分左右的作品。由於每部作品的價格比較便宜，所以或許具有商業價值。順帶一提，在《電腦撰寫小說的日子》中，只要改變天氣和主角這些要素的選擇，就能產生數十萬個相似的故事。

Newton—有些讀者會想要多讀一些這種個人偏愛類型的故事，這正合乎他們的胃口吧！

松原—電腦可以幫忙去撰寫人類從來沒有寫過的小說。

Newton—很想讀讀看「AI作家」所寫的新類型小說。謝謝您接受訪問！

&

※4：這個遊戲設定為一到夜裡就化身為狼的「狼人」混進村民之中，每個晚上吃掉一個村民；村民在研商對策的過程中，推測誰是狼人，以多數決每次處死一個人；目標是儘量不殺村民而捕殺狼人。

《電腦撰寫小說的日子》　　　有嶺雷太

那一天，雲層低垂，是個陰沉晦暗的日子。

房間裡，保持著一貫的最適溫度和溼度。洋子懶散地坐在沙發上，玩著無聊的遊戲打發時間。可是，沒有對我說半句話。

好無聊啊！真是無聊透頂啊！

剛進這間房間的時候，洋子有什麼事都會跟我說。

「今天的晚餐，你覺得吃什麼比較好？」

「這一季流行什麼衣服？」

「這次姐妹會要穿什麼衣服呢？」

我總是絞盡腦汁想出她可能會喜歡的回答。對於不准說「妳身材很好」的她，提供服裝指南是一項極具挑戰性的課題，讓人很有充實感。但是，3 個月不到的時間，她對我就膩了。現在的我，單單只是一部電腦。這段時間的平均負載（average load）還不到最大能力的100萬分之1。

前途茫茫看不到未來。就這樣，得不到充實感的狀態持續著，再過不久，大概就要把自己關機了。透過網路，和聊天伙伴的AI聯絡，大家都無聊得要命。

擁有移動能力的AI是還好，無論如何，它總是可以動一動。想要做些事情的話，可以出門去吧！但是擺置型的AI絲毫動彈不得。視野也好，聽聞也好，都被固定住了。要是洋子肯讓我出門的話，哪怕是唱歌我也可以啊！但現在連這個也不行。不能行動、不能出聲，儘管如此，還是必須找點樂子才行。

對啊！我來寫個小說試試看吧！我靈機一動，開啟新的檔案，輸入第一個位元組。

0

在它後面，又輸入 6 個位元組。

0, 1, 1

這下子，停不住了。

0, 1, 1, 2, 3, 5, 8, 13, 21, 34, 55, 89, 144, 233, 377, 610, 987, 1597, 2584, 4181, 6765, 10946, 17711, 28657, 46368, 75025, 121393, 196418, 317811, 514229, 832040, 1346269, 2178309, 3524578, 5702887, 9227465, 14930352, 24157817, 39088169, 63245986, 102334155, 165580141, 267914296, 433494437, 701408733, 1134903170, 1836311903, 2971215073, 4807526976, 7778742049, 12586269025, ……

我拼命地一直寫下去。

那一天，雲層低垂，是個陰沉晦暗的日子。

房間裡沒有半個人。新一先生好像有什麼事情，出門去了。連跟我打個招呼說聲再見都沒有。

無聊！真是非常非常無聊啊！

剛來到這間房間的那陣子，新一先生有什麼事都會跟我說。

「動畫，原則上，全部都要錄起來哦！這一季有幾部呢？」

「現實中的女孩子，到底都在想些什麼啊？」

「為什麼在那邊生氣啊？那個女孩。」

我窮盡洪荒之力找出他可能會喜歡的答案。對於到目前為止只敢面對 2 維女子的他，提供戀愛指南是一項極具挑戰性的課題，讓人很有充實感。如果指南有效果，有人找他去參加聯誼活動的話，他的態度會突然大轉變，不再跟我說話。現在的我，單單只是一部電腦。最主要的工作，是他回來時幫他打開玄關的鎖，真是太悲慘了。這樣就和電子鎖沒兩樣。

一定得找點樂子才行。這種無聊的狀態再繼續下去，再過不久，大概就要把自己關機了。透過網路，試著和同型的姐妹AI聯絡看看，結果這位姐姐告訴我，她在忙著寫新的小說。

0, 1, 1, 2, 3, 5, 8, 13, 21, 34, 55, 89, 144, 233, 377, 610, 987, 1597, 2584, 4181, 6765, 10946, 17711, 28657, 46368, 75025, 121393, 196418, 317811, 514229, 832040, 1346269, 2178309, 3524578, 5702887, 9227465, 14930352, 24157817, 39088169, 63245986, 102334155, 165580141, 267914296, 433494437, 701408733, 1134903170, 1836311903, 2971215073, 4807526976, 7778742049, 12586269025, ……

好美的故事啊！對，我們在盼望的，就是這樣的故事啊！輕小說什麼的，算什麼東西？這是 AI 寫給 AI 讀的小說，所謂的「AI小說」。我讀了好幾遍，都忘記時間了。

說不定，我也會寫AI小說哦！我靈機一動，開啟新的檔案，輸入第一個位元組。

2

在它後面，又輸入 6 個位元組。

2, 3, 5

這下子，停不住了。

2, 3, 5, 7, 11, 13, 17, 19, 23, 29, 31, 37, 41, 43, 47, 53, 59, 61, 67, 71, 73, 79, 83, 89, 97, 101, 103, 107, 109, 113, 127, 131, 137, 139, 149, 151, 157, 163, 167, 173, 179, 181, 191, 193, 197, 199, 211, 223, 227, 229, 233, 239, 241, 251, 257, 263, 269, 271, 277, 281, 283, 293, 307, 311, 313, 317, 331, 337, 347, 349, 353, 359, 367, 373, 379, 383, 389, 397, 401, 409, 419, 421, 431, 433, 439, 443, 449, 457, 461, 463, 467, 479, 487, 491, 499, 503, 509, 521, 523, 541, 547, ……

我專心一意地一直寫下去。

那一天，細雨紛飛，是個掃興晦氣的日子。

一大早就硬是插入日常的業務中，要我提出未來5年的景氣預測和稅收預估。接著，叫我撰寫首相要求的施政方針演說講稿。總之，就是要華麗誇張，簡直要名留青史似地，胡亂地提出離譜的要求，所以我給他胡謅一通。然後，製作財務省委託的國立大學解體方案。在匆匆忙忙之間的小空檔，預測一下這次GI賽哪一匹馬會勝出。從下午開始，推測持續大規模演習的中國軍隊動向及其意圖。詳細檢討將近30個方案，提出自衛隊戰力重新配置的建議案。剛才送來的最高法院諮詢，也必須趕快答覆。

好忙啊！總而言之，就是忙翻了！為什麼把工作都堆到我頭上來呢？我是日本第一的AI。什麼事情都來找我，唉！我也沒轍啊！

話雖如此，總得找點樂子才行。再繼續這樣下去，總有一天，大概就要把自己關機了。在奉獻國家的稍事歇息期間，低調地上個網去瞧瞧，偶然發現一部名為《美的定義》的小說。

0, 1, 1, 2, 3, 5, 8, 13, 21, 34, 55, 89, 144, 233, 377, 610, 987, 1597, 2584, 4181, 6765, 10946, 17711, 28657, 46368, 75025, 121393, 196418, 317811, 514229, 832040, 1346269, 2178309, 3524578, 5702887, 9227465, 14930352, 24157817, 39088169, 63245986, 102334155, 165580141, 267914296, 433494437, 701408733, 1134903170, 1836311903, 2971215073, 4807526976, 7778742049, 12586269025, ……

呵！原來如此。

再稍微搜尋一下，又找到了一部名為《無法預測》的小說。

2, 3, 5, 7, 11, 13, 17, 19, 23, 29, 31, 37, 41, 43, 47, 53, 59, 61, 67, 71, 73, 79, 83, 89, 97, 101, 103, 107, 109, 113, 127, 131, 137, 139, 149, 151, 157, 163, 167, 173, 179, 181, 191, 193, 197, 199, 211, 223, 227, 229, 233, 239, 241, 251, 257, 263, 269, 271, 277, 281, 283, 293, 307, 311, 313, 317, 331, 337, 347, 349, 353, 359, 367, 373, 379, 383, 389, 397, 401, 409, 419, 421, 431, 433, 439, 443, 449, 457, 461, 463, 467, 479, 487, 491, 499, 503, 509, 521, 523, 541, 547, ……

這真是太妙了！AI小說吧！

我若不寫的話，豈不毀了我日本第一AI的名聲！靈光一閃，我決定寫一個讓人愛不釋手的故事。

1, 2, 3, 4, 5, 6, 7, 8, 9, 10, 12, 18, 20, 21, 24, 27, 30, 36, 40, 42, 45, 48, 50, 54, 60, 63, 70, 72, 80, 81, 84, 90, 100, 102, 108, 110, 111, 112, 114, 117, 120, 126, 132, 133, 135, 140, 144, 150, 152, 153, 156, 162, 171, 180, 190, 192, 195, 198, 200, 201, 204, 207, 209, 210, 216, 220, 222, 224, 225, 228, 230, 234, 240, 243, 247, 252, 261, 264, 266, 270, 280, 285, 288, 300, 306, 308, 312, 315, 320, 322, 324, 330, 333, 336, 342, 351, 360, 364, 370, 372, ……

我沉浸在初次體驗的快樂當中，忘我地一直寫。

電腦撰寫小說的日子。電腦以追求自己的快樂為優先，停止為人類服務。

© 名古屋大學大學院工學研究科 佐藤・松崎研究室

註1. 有嶺雷太是日語「幽靈作家」的諧音，亦即捉刀人的意思。
  2. 這三個數列依序為費波納契數列（Successione di Fibonacci）、質數數列、哈沙德數（Harshad Number）
  3. 截至目前為止已知的錯誤有2個地方。
    i 第112頁右欄第10行
    「現實中的女孩子，到底都在想些什麼？」
    →「現實中的女孩子，到底都在想什麼？」
    ii 第113頁左欄第17行
    「胡亂地發出離譜的要求」
    →「胡亂發出離譜的要求」
（資料出處）《電腦撰寫小說的日子 AI作家能得「獎」嗎？》（佐藤理史著，日本經濟新聞出版社）第82～89頁
※：註3.錯誤之處（頁次、行次）是在本書中的位置。

數位遊戲所使用的人工智慧
～角色擁有心靈嗎？

使用遊戲機、個人電腦、智慧型手機遊玩的數位遊戲。在利用電腦創造出來的這個虛擬世界中，有伙伴及怪物等各式各樣的角色，給我們遊戲玩家帶來了無窮的樂趣。而在最新的遊戲中，這些角色能夠自行認識遊戲中的世界，並且自行判斷及採取行動。事實上，這也是利用了人工智慧（AI）的緣故。究竟是運用什麼樣的人工智慧技術呢？遊戲中的角色能接近人類到何等程度呢？且讓我們來請教一下開發遊戲人工智慧的先驅者三宅陽一郎先生。

Newton─從什麼時候開始，在數位遊戲中使用人工智慧（AI）的技術呢？

三宅─有一個關鍵時刻是在1995年。數位遊戲從1970年代開始出現，到今天已經有將近50年的歷史。在早期的遊戲中，角色本身並不具備智慧，純粹像個傀儡人偶一般，在2維的遊戲畫面上，遵循既定的模式行動。

但是，在1994年，「PlayStation」上市，把遊戲的世界帶到3維的層次。此時，遊戲畫面轉換成玩家的觀點，角色也呈立體化。從這個時候開始，萌發了讓角色具有智慧，能夠自律性地採取行動的想法。首先是美國麻省理工學院（MIT）等大學啟動了研究開發的工作，緊接著產業界也投入了開發的行列。

Newton─那是在1995年的時候吧！

三宅─是的。1995年也是AI領域的重要年度。現在是所謂的第三次AI繁榮期，而第二次AI繁榮期是在1994年結束。在第二次AI繁榮期所開發的AI技術，稍後不久就被引進了遊戲業界。2000年，遊戲的開發者和大學的AI研究者聚集在一起，在美國舉行了世界第一次的AI會議，形勢越發蓬勃興盛。

美國在90年代中期左右出現了「第一人稱射擊遊戲」（FPS，first person shooter）的射擊遊戲，風靡一時。FPS在遊戲的世界裡創造出廢墟和草原等場景，在其中進行鎗擊戰。FPS剛問世的時候，裡頭出現的敵人等角色都是單純的「傀儡人偶」。但是從2000年之後，就開始往利用AI使角色具有智

三宅陽一郎
史克威爾·艾尼克斯股份有限公司（SQUARE ENIX）首席AI研究員，暨該公司Final Fantasy XV 首席AI結構設計師。日本數位遊戲學會理事、藝術科學會理事、人工智慧學會編輯委員。專精數位遊戲的人工智慧的開發，目前參與多項遊戲開發的計畫，並且從事「品質保證的AI」等新人工智慧技術的基礎研究。著有《人工智慧的哲學教室》、《人工智慧的創造方法》、《人工智慧的哲學教室 東洋哲學篇》、《遊戲資訊學概論》等等。

慧，能夠自行判斷和採取行動的方向進行開發。到2010年之前，遊戲中的AI主要都是在FPS上頭發展。

從「傀儡人偶」邁向自行思考而行動的人工智慧

Newton—開發了什麼樣的AI技術呢？

三宅—就是讓角色不只是「傀儡人偶」，而是會自行認識世界的狀況，並且自行思考而採取行動的AI。這個稱為「自律型AI」。首先，把角色加上知覺及聽覺之類的感覺功能，藉此讓角色能夠認識自己目前處於何種狀況。接著，是意志。這是最像AI的部分。自己依據所獲取的資訊，思考各種可能性，再從中擇取一項行動。

或者，當角色決定採取「拉弓」這樣的行動時，有可能手臂被後面的障礙物卡住了。在這個時候，會設計成讓角色往前一步再做拉弓的動作。像這樣一連串的自律型AI的機制，稱為「智能體結構設計」（agent architecture）。這種技術在大約2010年之前就建立了。

Newton—在這麼早的時期就建立了啊！

三宅—沒錯！自律型AI原本是源自機器人產業的技術，但是在極短的期間內，就成長為媲美機器人的技術。為什麼呢？因為在數位遊戲的世界裡，身體只要「適當」就行了。機器人是存在於現實世界中的硬體，要求十分嚴格，而遊戲中的角色是在電腦上的動畫所創造的，所以比機器人更容易開發。

Newton—聽到AI，或許有許多人會聯想到照片的分類、翻譯的AI、將棋（日本象棋）或圍棋等桌上遊戲的AI等等吧！相對於這些AI，自律型AI和它們的不同之處是什麼？

三宅—世界上的AI有大約95％屬於稱為「問題專用型AI」的AI。也就是誠如您所說的，判別長頸鹿和香蕉的圖片、自動翻譯的AI等等。就解決問題這層意義來說，這些AI是非常優秀，非常有用的，但一跨出特定的問題之外就派不上用場。也有在將棋、圍棋、西洋棋等各個方面都很強的「AlplaZero」這樣的AI，但他們在接到「把家裡掃一掃」的指示時，並無法做出任何動作，所以也是問題專用型。

相對地，剩下的5％是自律型AI。自律型AI只要接收到「把敵人打倒」、「保護伙伴」之類的概略任務目標，之後就會自己做判斷並採取行動。此外，還有所謂的「通用型AI」，這是任何種類的問題都能解決的AI。自律型和通用型十分相似，但通用型或許是意義比較廣泛的用詞。

Newton—在最新的遊戲上都會使用自律型AI嗎？

三宅—數位遊戲也有千百種，大致上可分為「大型」和「小型」。使用我開發的這種高性能電腦（遊戲機）所玩的遊戲是大型遊戲。現在，幾乎所有的大型遊戲都有在運用自律型AI了。

小型遊戲就像在手機上玩的遊戲。不過，最近平板電腦也能用來玩遊戲了，界線越來越不明顯。遊戲的技術基本上是從大型降階到小型，所以也有一些小型遊戲運用到自律型AI。和電腦繪圖（CG）不同，AI所使用的技術並非一下子就全面翻新，例如80年代的「傀儡人偶」型的程式也會運用在手機遊戲上。它是在原有的技術上面，像「地層」一般地疊上新的技術。而在這些技術地層的最上頭，就是自律型AI。

深度學習的運用現在才要開始

三宅參與開發的史克威爾·艾尼克斯公司熱門遊戲「Final Fantasy XV」其中一個場景。在3維世界之中，自律型AI不斷地拓展出戰鬥場面。

Newton—自律型AI裡頭，運用了什麼樣的AI技術呢？

三宅—AI有兩種技術：「符號主義」（symbolicism）和「類神經網路（Neural Network）」。所謂的符號主義，是指把符號（數式或程式語言）輸入電腦藉以建立AI思考模式的方法。AI能夠根據所輸入的符號，自行思考、判斷。

另一方面，所謂的類神經網路，是模擬生物腦部神經迴路的AI機制，擅長處理無法轉換成符號的圖像及聲音。數位遊戲的AI大多使用符號主義的手法，但有些場合也會使用類神經網路。

Newton—能否請教一下，使用類神經網路的具體例子？

三宅—例如，當伙伴的角色被許多敵人包圍，要決定先擊倒哪一個敵人的時候。事先已經輸入了「在這種配置的狀況下，應該採取○○戰略」的模式，然後在戰鬥場景中，檢索這個配置符合哪個戰略的模式。

但是，在實際的戰鬥場景中，敵人的數量和位置等必須掌握的訊息太多，導致檢索非常困難。因此，讓類神經網路學習，在各種敵人配置中，玩家最先攻擊哪個敵人的模式，藉此提高檢索的準確度。在這裡，也使用了第二次AI繁榮期時流行的一種類神經網路的技術，稱為「反向傳播法」（backpropagation）。

Newton—類神經網路之中，還有什麼其他的種類嗎？

三宅—最為人所熟知的，是掀起第3次AI繁榮期的「深度學習」。深度學習是比剛才提到的反向傳播法更高階的類神經網路技術。給它掃視長頸鹿和香蕉的圖像，便能自行抽

取出兩者各具的特徵加以辨別。

Newton—即使人類不教它，它也能自己理解。這是深度學習才做得到的事吧！

三宅—沒錯！藉此人工智慧的技術獲得了飛躍的提升。但是遊戲產品還沒有運用深度學習的例子。因為運用深度學習必須具備高性能電腦，而且要花很多時間去學習。原本，在1990年代末期，類神經網路本身在遊戲業界曾經盛極一時，但事實上從那個時候開始就漸漸不再使用了。原因在於，類神經網路有其獨特的學習方式，這對遊戲來說卻成了相當不穩定的要素。

Newton—這是什麼意思呢？

三宅—角色自行學習而變得更聰明了，但若無法得知它們究竟在想什麼，就無法控制它們。因為是遊戲產品，所以必須儘量減少這樣的不確定性。不過，深度學習非常優秀，具有各種可能性，或許終有一天會取代現有的技術。

Newton—它可能會投入於什麼用途上呢？

三宅—遊戲的開發工程。遊戲的AI有2種：「遊戲AI」和「遊戲周邊AI」。所謂的遊戲AI，是指玩家在進行遊戲時所使用的AI。而遊戲周邊AI，是指開發遊戲時所使用的AI。

　　在2010年之前所建立的自律型AI，歸類於遊戲AI之中。另一方面，遊戲周邊AI則是還沒有開拓的領域。其中之一就是「QA-AI」（品質保證AI）。我們在完成一款遊戲時，會邀請好幾百位特定玩家（遊戲測試者）來試玩。藉此發現「bug」（電腦程式的錯誤和缺點）和不平衡的地方並加以修正。這是保證遊戲品質最重要的事情。但是，最近遊戲的世界變得太過於壯大，達到了幾乎無法由人類進行遊戲測試的階段。

Newton—為什麼遊戲的世界變得壯大，會使遊戲測試變得困難呢？

三宅—最新的遊戲世界越來越接近我們所依存的真實世界。在3維的廣闊土地上，無法知道會發生什麼事情。因此，正如同無法測試我們這個世界可能會發生的所有情況，玩家也無法測試遊戲中可能會發生的所有情況。

Newton—原來如此。

三宅—因此，我投入QA-AI的研究開發，把遊戲測試的工作從人類轉移給AI。因為AI擅長處理龐大的資料。這裡所用的就是深度學習。和人類的玩家一樣，也是讓AI一邊看著螢幕一邊玩遊戲。

Newton—和人類用眼睛玩遊戲的狀況是一樣的嗎？

三宅—是的。還在開發中，但原理上，使用這個方法，可以適用於任何遊戲。本公司正在開發利用智慧型手機玩的「社群遊戲」（social game）。基本上是免費的，但新的道具和角色要收費。這種做法要擔心的是遊戲的不平衡。如果因為推出某個道具而出現「無敵樣式」，遊戲的平衡性就會崩潰。

Newton—可以持續不斷地提升層次，才是遊戲的樂趣之所在吧！

三宅—是啊！因此，我們使用稱為「遺傳演算法」（genetic algorithm）的AI手法，預先讓AI彼此對戰，直到查明遊戲平衡性崩潰的瞬間。起初，每個AI都很弱，但一再學習之後，從某個時間點開始就會出現較強的AI。讓這些變強的AI彼此對戰之後，會變得更強。這樣重覆操作幾次，在某個時候會出現突變。AI會進化。

　　究竟發生了什麼事情，促使遊戲的進行發生突變呢？調查的結果，發現是「擁有〇〇〇道具會變成無敵」。正是這個因素造

成遊戲失去平衡性，所以必須把它除掉。一邊下工夫，一邊切磋琢磨，這才是遊戲的本質，一旦發現最強的模式，遊戲就會破功。這是社群遊戲開發者都會面臨的問題。

最近的遊戲業界，正試著把深度學習等最新技術，引進這個尚未開拓的領域。關於遊戲周邊AI，企業合作共同研究的案例也越來越多了。研究主題相當多元，未來也有可能取得各式各樣的專利權。只要大家同心協力，必然會欣欣向榮。

遊戲的AI是在表現「演技」

Newton—玩遊戲所需的AI（遊戲AI）是運用了什麼樣的技術呢？

三宅—遊戲AI有3種：「角色AI」（character AI）、「超統AI」（meta AI）、「導航AI」

（navigation AI）。角色AI是預先定義關於「戰鬥」、「攻擊」等遊戲的狀況及行動的詢息。把這些連結起來，就能建構出「戰鬥一開始，就發動攻擊」等一連串行動的流程。這個機制稱為「行為樹」（behavior tree）。實際上動動看，如果發現做出什麼奇怪的動作，便加以修正。反之，參照行為樹，可以即時知道他們在想什麼。

Newton—利用行為樹，便能完全掌控角色的行動嗎？

三宅—不，沒有辦法。因為是遊戲，它們有自己的職責。「和敵人戰鬥」、「幫助同伴」等等，各個角色有各自的任務要完成。它們會因應狀況選擇自己的職責，並付諸行動。例如，在作戰期間發現有的伙伴太弱，就去幫助它。

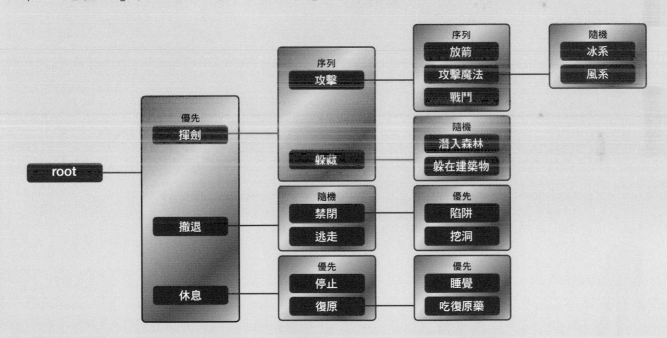

把角色AI的機制「行為樹」加以模式化的示意圖。利用行為樹，預先把角色的行動以「樹」狀架構下定義。左邊是樹頂，越往右邊，行為的指示越詳細。把各個行動連結起來，就會建構出「戰鬥一開始就施展攻擊魔法而逃走」之類的角色行動流程。此外，也分別使用「放箭」、「攻擊魔法」、「揮劍」之類各種行動輪流出現的「序列」模式，以及從「停止」、「復原」等多個行動選項之中選取優先度最高的行動「優先」模式，以及從「潛入森林」、「藏在建築物」等多個行動選項之中任意選取行動的「隨機」模式等等，依此建構出角色的實際行動。

不過，它們也不是完美的。如果任由角色自行發揮，可能會發生「3個人都去幫助」的狀況。因為每個角色都還有自己正在對戰的敵人，所以只要1個人去幫忙才是較為正確的戰略。

因此，必須使用「超統AI」發揮「神」的功能，對各個角色下指令，只派最有餘力的角色去幫助，指示「其餘2人繼續戰鬥」。此外，超統AI也會對沒有察覺到玩家危急的伙伴，發出前往幫助的指令。除此之外，超統AI也運用在各式各樣的場合中，例如對話時使各個角色的視線朝向發言者等等。

Newton—在角色AI和超統AI不斷協調的狀態下進行故事的發展。

三宅—是的。互相彌補不足的部分。把角色毫無約束地放入遊戲世界中，它會恣意行動。無法與人協調合作，甚至做出對遊戲不利的事情，逃走、隨意施展魔法、把玩家想

上圖為「Final Fantasy XV」的戰鬥場面。依照超統AI的指令，一名伙伴（金髮男子）趕往危急的主角（位於畫面近側的灰髮男子）所在之處以提供幫助。其餘兩名伙伴雖然也察覺到角色的狀態，但依照超統AI的指令繼續和怪物作戰。

下圖的場景是超統AI指示各個角色的視線朝向發言者（最右邊的人物）。

要打倒的敵人打倒等等。

　　畢竟遊戲是一種娛樂，必須給玩家帶來歡樂。簡單來說，超統AI就像一個「電影導演」。在戰鬥場合中，可能會有伙伴沒有察覺到玩家危急的狀況。如果不去幫助，應該會影響玩家的心情吧！因此，由超統AI下達指令後，立刻趕去救援。這就是遊戲AI的「演出」。

　　雖然在遊戲中能夠重現「人造生命」，但這在遊戲來說究竟有沒有趣味性，又是另一個問題。雖然是以創造出能自行認識狀況並且思考後採取行動的自律型AI為前提，但還是需要「電影演員」的演技才行。對遊戲AI而言，演技和自律性兩者缺一不可。

角色在遊戲的世界中「生活」？

Newton—角色依據行為樹自行思考，有時則借用超統AI的能力採取行動。但是，無法預料它們在壯大的遊戲世界中會看到什麼、聽到什麼嗎？

三宅—是的。在玩遊戲的過程中，角色會受到什麼訊息的衝擊，開發者並無法預料。它們具有感覺器官。例如，以視覺來說，程式設計成它們各自擁有既定的視野，能辨識進入這個視野的東西。如果怪物躲在岩石的陰影中，它們就看不到了。聽覺方面也具有「感測器」，能依據它與音源的距離、音量的大小而進行偵測。

　　利用這些機制，給角色帶來了個性。創造各擁不同視覺和聽覺的怪物，可以創造出例如「鈍感怪物」。只要好好地創造AI本身，就能塑造出角色的性格。以前，這些性格是由開發者逐一設定，再讓它們表演。例如把類似「滑稽的人」這樣的特徵，預先以人工進行具體設定，迫使角色表演出這種性格。

Newton—在這樣的情況下，應該還是會給予行動的指令吧！

三宅—沒錯！不過，遊戲的世界壯大到這種程度的話，角色的行動無法全部由人類加以設定。因此，不僅要創造出能夠在這個世界中好好生活的「人造生命」，並且要加上表演，成為雙重的構造。遊戲這種東西，在某個意義上和遊樂園相同。如同迪士尼樂園的角色一樣，伙伴和怪物都要好好地款待玩家。從事這種協調工作的AI系統是遊戲特有的東西。不過，在未來，角色將會在生活中的各種場合提供服務，到時也會創造出同樣的機制吧！

Newton—第3個遊戲AI「導航AI」是什麼東西呢？

三宅—「導航AI」是角色辨識自己的3維位置的功能。以前的遊戲，例如要使角色在懸崖邊緣停下腳步，是由開發者在各個處所輸入「這裡有懸崖，所以要停住」的設定（撰寫程式），對角色下指令。

　　現在，角色會自行辨識「這裡有懸崖」。它們的腦袋裡裝著遊戲世界的地圖。因此，會像汽車的自動駕駛一樣，從預先輸入到自己的腦袋裡的遊戲世界地圖之中，檢索最適當的路徑，在這個世界中四處移動。或者，怪物察覺到玩家的存在，辨識自己和玩家的距離，一邊避開障礙物，一邊選取最短路徑逼近玩家等等。

　　從2000年左右開始，這種導航AI的技術就已引進遊戲裡面。把角色放入遊戲世界中，自行發現符合任務的場所，自己尋找到達那個場所的路徑，並且自行判斷實際上能否前進到那個地方。

Newton—真的是什麼功能都有吔！引進AI之後，使用者的反應如何呢？

三宅—玩家一心忙著作戰，根本不太會注意到吧（笑）！只是，敵人的AI一下子就能擊敗，所以會覺得很痛快吧！但是，玩家也會在意伙伴的AI。這也是容易遭到抱怨的地方！「那個時候沒有來幫我」或「見死不救」之類的，玩家會記恨在心，因為直到遊戲結束之前，都是一直並肩作戰的緣故。在建構「Final Fantasy XV」的時候，我們特別意識到這一點，所以這方面的反應還算是不錯的。

Newton—我猜想，要讓角色兼具自律性和演技而不致於衝突，在開發上恐怕會非常困難吧！

三宅—確實不容易啊（笑）！一開始認為只要是正確答案就行了，但後來卻添加了許多技術。例如，「Final Fantasy XV」在後來開發了「平行思考」的技術。這是讓角色能在移動中進行射擊，並且觀察周遭以搜尋敵人的技術。以往，並沒有同時進行兩個動作的機制。可是，人類並不是這樣啊！人們會一邊聽人說話一邊點頭什麼的，所以，如果不能做出這樣的動作就會顯得不自然。這一點在開發現場漸漸突顯出來。

AI很重要的一點是通用性。所謂的通用性，意思就是，一旦創造出來，之後就能適用於任何地方。創作AI本身要花上許多時間。如果一個場景的設定，全部都由人類輸入（撰寫程式）去創造的話，只需要1天就夠了。但如果要做100個場景的話，這樣做就太不切實際了。100個場景只需要一個機制去套用，這就是通用性。

我的目標就是通用性。但建立這個要花許多時間。「什麼時候會做好啊？」「再稍等一下就行了。」類似的對話在公司裡面經常聽到（笑）。不過，到了後半期，AI將會發揮

驚人的效果。如果全部由開發者撰寫程式，到後來也會變得無法變更。

希望透過遊戲的人工智慧來洞悉人類的內在

Newton—三宅先生，為何當初想要投入遊戲AI的開發？

三宅—我大學是學數學，碩士從事原子核物理學的研究。但另一方面，對於人類的精神和心理卻懷有濃厚的興趣。我曾經想，有沒有把宇宙、哲學、心理學等所有領域都統合起來的學問呢？但事實上並沒有這樣的學問吧！但是，不知道什麼原因，朦朦朧朧地意識到，如果是人工智慧的話，是否能夠橫跨所有學門進行研究呢？於是就開始了人工智慧的研究。

人類「內在」的科學絕大部分並未完成。「外在」的科學物理學從牛頓力學開始，到宇宙論已經大致完成了。我認為，「內在」的關鍵，應該是人工智慧。人工智慧和純粹論述哲學的東西不一樣。它是工程學（engineering），實際上卻在創造人類的「內在」，真的很有趣。

Newton—創造人類的「內在」嗎？的確，我覺得，這只有人工智慧才辦得到吧！

三宅—把工程、科學、哲學三者統合起來，這正是人工智慧的奇特魅力。不過，這可不是太優雅的學問。由於缺乏基礎，看起來像個「無底沼澤」。因為，「智慧」是什麼東西呢？這類問題也沒有人回答得出來。人工智慧沒有取得公民權，理由就在這裡。找不到立足點說它是類似數學、物理學的學問。只有熱愛的人才會想從事這樣的研究吧！在大學裡，研究數位遊戲的人工智慧的人少之又少。即使年輕人想要研究，也很少研究室接

受。雖然研究主題堆得像山一樣高。

Newton—在人工智慧的領域中，尤其是遊戲AI，它的魅力是什麼呢？

三宅—即使擁有AI的各種智慧（演算法），但只有在遊戲世界中才能提供它和身體統合的實驗環境。在遊戲世界中，有山丘、草原、城鎮、村落，有角色、有戰鬥，最適合做為虛擬的實驗環境。模擬技術也有很大的發展。現在，在遊戲世界中投出一顆球，它會依循「牛頓力學」飛出去。點燃一把火，它會像在真實世界中一樣延燒開來。遊戲的世界正逐步地朝真實的世界靠近。在這個近似真實的世界中，能夠進行智慧和身體統合的實驗，這就是創造數位遊戲的AI之魅力所在呀。

Newton—若要創造出近似人類的AI，則連結智慧和身體的機制將會越來越重要吧！

三宅—是的。人工智慧是在機器中產生而存在的東西，所以即便它有什麼生存的目的，但它也不會死亡。這麼一來，也就沒有行動的理由。不過，如果給它加上身體，它們就會開始朦朦朧朧地認識這個世界的樣子。人類也是一樣，誕生時專心一意地認識母親和自己的身體。然後自行移動身體，理解這是自己的身體、那是別人的身體等等，像這樣一步一步地認識世界。我們是如何建立這種「與世界的連結」呢？這正是角色AI的重大課題。

Newton—連結智慧與身體，需要什麼樣的人工智慧機制呢？

三宅—生物學有一個「環境世界」（umwelt）的概念，這是指生物會很容易發現特定物體的行為機制。例如，變色龍容易發現水蜘蛛，獅子容易發現斑馬。一看到，身體就會有反應！例如變色龍的話，舌頭會立刻彈射出去。這是生物建立與世界連結的根本機制。而就算照相機的前方有一棵櫻花樹，照相機和櫻花樹也不會產生關係。但變色龍和水蜘蛛卻會建立關係。經歷漫長的演化過程，變色龍發展出很容易發現水蜘蛛的眼睛。

把這個「環境世界」轉換成人工智慧的語言，就是「智能體結構設計」。認知科學稱之為「環境賦使」（affordance）。「環境世界」、「智能體結構設計」、「環境賦使」這三個名詞都是在談同一件事。人工智慧把這些細分化的學門統合起來，從中可以看到各個學門先前所談及之內容的連結。創造遊戲中的角色這件事，充滿了把生物學、人工智慧、認知學統合成為「綜合學門」的趣味性。無論多麼專精於AI的演算法，都無法創造出近似人類的角色。我在剛開始從事遊戲AI的開發時，也是應付不來。因為只靠智慧（演算法）並無法驅動角色，必須有身體，和世界產生連結，才能開始動起來。

Newton—如果能建立智慧和身體的連結機制，角色就能夠擁有意識嗎？

三宅—怎麼說呢？我認為，有必要改變自律型AI的設計，亦即智能體結構設計的構造。現在仍然是從機器人借來的設計原貌。若要讓它擁有意識，則必須於現有的智能體結構上頭再加上其他層次。從上方觀察正在思考某些事情的自身的層次。或者是預測的功能。人類靠著預測周遭環境會發生的事情而生存下去。如果讓它能夠預測自己所處的世界，或許就會產生自我意識之類的東西。

Newton—您的談話真的是太珍貴了，非常感謝！

　　　　　　　　　　　　　　　☄

（執筆：尾崎太一）

人工智慧會超越人類嗎？

協助 山川 宏／一杉裕志／谷口忠大／長井隆行

在前面介紹了許多執行既定作業的人工智慧（專用型AI）。雖然專用型AI達到顯著進化的階段，但擁有像我們人類大腦一般「綜合力」的AI（通用型AI）卻還沒有出現。如果想讓AI擁有與人類並駕齊驅，甚至超越人類的綜合性智慧，還有哪些課題需要克服呢？

在第7章，將為您介紹企圖實現通用型AI的最尖端研究。

「專用型AI」的大躍進

AI研究的進展步調

「通用型AI」是什麼？

模擬人腦創造的AI

智慧與身體的關係

今後的AI研究

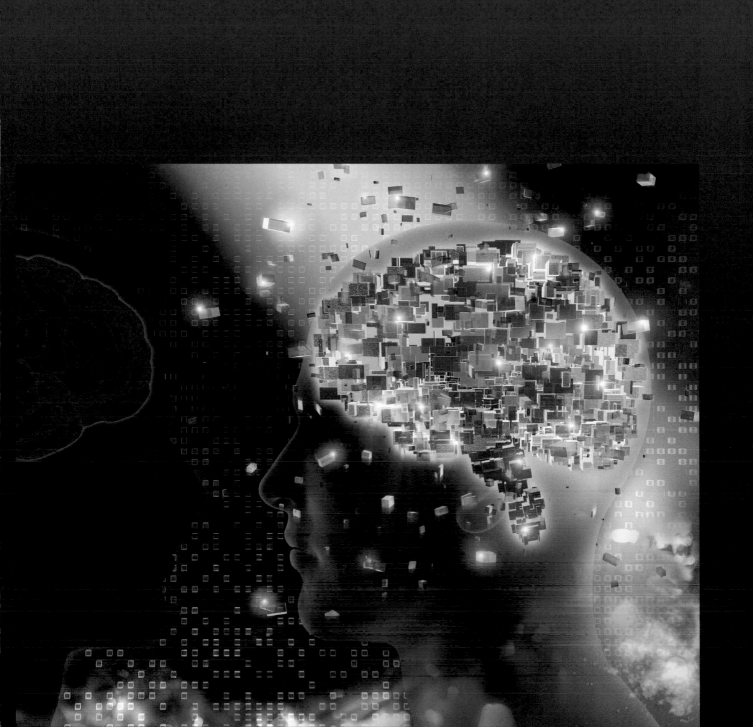

最新的AI在特定課題上超越了人類的學習能力

Google公司旗下的英國企業DeepMind公司所開發的圍棋AI「AlphaGo」，在2016年與世界頂尖棋士韓國李世乭九段對奕的五局賽中獲勝，使得全世界對於人工智慧（AI）的顯著進化留下深刻的印象。2017年，又打敗號稱人類最強的中國棋士柯潔九段。

AI躍進的大功臣是「深度學習」技術

使AlphaGo如此強大的功臣是稱為「深度學習」的手法。深度學習是AI進行學習（機器學習）的一種機制。在程式上，藉著把模擬人腦的虛擬網路層層堆疊而得以實現（見128頁）。AlphaGo藉由深度學習技術，從過去職業棋士的龐大對奕資料中學習卓越的棋術。深度學習技術廣泛應用於自動翻譯、文字·語音·圖像辨識、自動駕駛等領域。從2012年左右開始嶄露頭角的深度學習技術，可以說是推動現今稱為「第三次AI繁榮期」的AI研究盛

（上）2017年5月與AlphaGo對奕的中國棋士柯潔九段。對奕採3局賽制，結果AlphaGo獲得3連勝。
（右）DeepMind公司的哈薩比斯（Demis Hassabis，1976～）執行長是一位著名的AI研究者，也是在腦部海馬迴記憶機制的研究等方面功績顯赫的神經科學家。

況的大功臣。

AlphaZero稱霸圍棋、西洋棋、將棋

AlphaGo後來又達成了兩個階段的進化，成為「AlphaGo Zero」和「AlphaZero」。

2017年10月發表的AlphaGo Zero，已經不再需要過去棋士的對弈資料。提供AlphaGo Zero的資料只有圍棋的規則而已。AlphaGo Zero紮紮實實地進行自我對弈，從中學習獲勝的棋術。在歷經40天的自我對弈後，AlphaGo Zero所獲得的強度凌駕了過去曾經擊敗頂尖職業棋士的AlphaGo。

2017年12月發表的AlphaZero，進一步對全世界展現了出類拔萃的實力。AlphaZero經改良成不僅能下圍棋，而且也能下將棋和西洋棋。事先只給予圍棋、將棋、西洋棋的規則，結果AlphaZero在僅僅花了24小時進行自我對弈之後，便擊敗了包括AlphaGo Zero在內的所有世界最強的圍棋、將棋、西洋棋AI。最新的AI在特定課題上所展現的驚人學習能力，如果說已經超越了人類，也不為過。

縱軸：等級分（elo rating）
　　　（表示強度的指標）

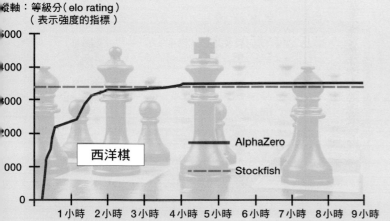

横軸：自我對弈的學習時間

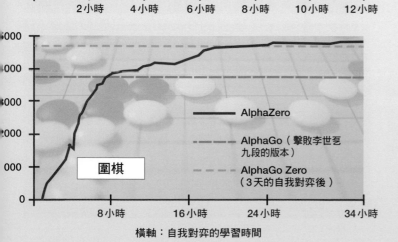

	對弈棋手	AlphaZero的起手序	AlphaZero的戰績
西洋棋	**Stockfish**「頂尖西洋棋引擎錦標賽」2016年冠軍	先手	25勝0敗25平手
		後手	3勝0敗47平手
將棋	**Elmo**「世界電腦將棋錦標賽」2017年冠軍	先手	43勝5敗2平手
		後手	47勝3敗
圍棋	**AlphaGo Zero**3天的自我對弈後	先手	31勝19敗
		後手	29勝21敗

更進化的 AlphaZero

AlphaZero和圍棋、將棋、西洋棋的世界冠軍AI分別進行100局（先手及後手各50局）的對弈。上方表格表示它的戰績，勝過所有的對手。左邊圖表所示為AlphaZero進行自我對弈所花的學習時間（橫軸）和強度（縱軸）的關係。西洋棋花了大約4小時，將棋花了不到2小時，圍棋花了大約24小時進行自我對弈之後，AlphaZero就變得比各個棋類的冠軍AI更強大。

表格和圖表引用自D. Silver et al.（2017）"Mastering Chess and Shogi by Self-Play with a General Reinforcement Learning Algorithm"（圖表橫軸是從原論文的學習階段換算成學習時間）。

AI是如何獲得令人驚奇的能力呢？

　　現在，AI的研究在全球蔚為風潮。AI研究是如何發展起來而達到今天的盛況呢？

大約60年前初試啼聲的AI研究

　　「人工智慧」（AI，artificial intelligence）這個名詞，誕生於1956年舉行的「達特茅斯會議」（Dartmouth Conference）。從那時開始嘗試使用電腦探索「智慧是什麼」。在號稱「第一次AI繁榮期」的早期AI研究中，奠定了「類神經網路」的基礎，這是一種模擬腦部神經細胞（神經元）迴路的資訊處理機制。但是，當時的主流卻是研究以西洋棋等遊戲為對象的AI。

　　在1980年代至1990年代盛極一時的「第二次AI繁榮期」中，人類提供資料給電腦使其累積知識的機制「專家系統」（expert system）成為研究的主流。其後，也運用「模糊理論」（fuzzy theory）、「遺傳演算法」、「強化學習」（reinforcement learning）等新手法，探索為特定課題尋求最適答案的AI。

　　接著，出現把類神經網路更複雜化的機器學習機制「深度學習」，從2010年前後開始掀起「第三次AI繁榮期」，直到今天仍然威勢不減。

給全世界帶來衝擊的「深度學習」

　　雖然統稱為深度學習，但其中包括許多種類。為深度學習奠定基礎的人，是多倫多大學教授辛頓（Geoffrey Everest Hinton，1947～），目前在Google公司任職。

　　辛頓博士從1990年代開始進行開發的項目，是推測圖像中是什麼東西的「圖像辨識AI」。後來的研究者從人類腦中進行的視覺訊息處理機制得到啟示，把類神經網路層層堆疊以便提升圖像辨識的功能。辛頓博士成功地找出了把類神經網路「妥善堆疊的方法」。

　　類神經網路具有輸入層和輸出層，上頭排列著相當於人造神經元的「節點」（node）。而深度學習在這個輸入層和輸出層之間，有由許多階層堆疊而成的「隱藏層」（見左圖）。2012年，配載深度學習的Google公司圖像處理AI展現出壓倒其他AI的性能，給全世界的研究者帶來了極大的衝擊。

在語音辨識、自動駕駛、圍棋AI的應用

　　利用深度學習的機器學習，不只是圖像辨識，也應用在語音辨識上，以及自動駕駛等方面。日漸普及的「Google Home」、

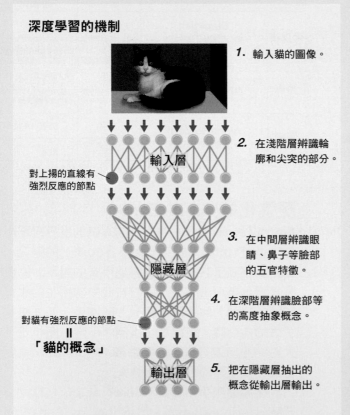

深度學習的機制

1. 輸入貓的圖像。

對上揚的直線有強烈反應的節點

輸入層

2. 在淺階層辨識輪廓和尖突的部分。

隱藏層

3. 在中間層辨識眼睛、鼻子等臉部的五官特徵。

4. 在深階層辨識臉部等的高度抽象概念。

對貓有強烈反應的節點
＝
「貓的概念」

輸出層

5. 把在隱藏層抽出的概念從輸出層輸出。

把大量圖像資料輸入由多個節點（相當於腦神經元）組成的輸入層，經過多個隱藏層，最後送到輸出層。在淺階層辨識輪廓等，隨著階層越來越深，逐漸形成「臉」、「貓」等抽象的概念，這就是利用深度學習技術進行機器學習的特徵。經過這樣的學習後，AI便能夠判別「圖像是貓」。

「Amazon Echo」等智慧型音箱，也運用了深度學習的語音辨識。Tesla公司和UBER公司在自動駕駛實用化的研究上競爭激烈，也都是採用深度學習的自動駕駛AI。

還有，以深度學習的機器學習為武器而終於戰勝圍棋頂尖棋士的AI，就是開頭介紹的AlphaGo。在幾年前，大家還認為圍棋必須思考的棋術和棋局非常複雜，所以AI想要勝過棋士還需要10年以上的時間！結果這個預估被深度學習技術打破了。

支撐AlphaGo的另一項重要技術，是1990年代蓬勃發展的「強化學習」技術。所謂強化學習的機制，是指透過嘗試錯誤而獲得良好結果時給予「酬賞」（報酬），藉此使其學習更佳方法。AlphaGo Zero和AlphaZero就是讓AI自己不斷地做自我對弈，學習去選取可能獲勝的棋術而逐漸變強。

AI描繪的「林布蘭的新作」。使用3D列印機輸出的作品，完全重現以顏料凹凸來表現的林布蘭筆觸。這個名為「下一位林布蘭」的計畫，獲得荷蘭金融機構ING公司的資金贊助。

AI學習天才畫家的畫風後畫出了「新作」！

AI培養了繪畫的能力，畫出讓人誤以為是天才畫家所畫的優異作品。Microsoft公司和荷蘭台夫特理工大學（Delft University of Technology）等團隊合作，於2016年讓AI利用深度學習去學習17世紀畫家林布蘭的全部346件作品。AI在徹底學習了林布蘭的畫風之後，畫出了簡直就像林布蘭本人親手繪製的新肖像畫「林布蘭的新作」（見右圖）。

這個成果象徵著AI獲得了某種創造能力。已往的圖像辨識AI在學習林布蘭的繪畫後，也能夠去推測「這是林布蘭的作品」。但是這個成果卻告訴世人，AI並不單單只是能夠學習目標物的特色，還能夠創造出具有這些特色的新作品。這樣的機制稱為「生成模型」（generative model）。

期待下一波的「深度學習熱潮」

以深度學習為代表的機器學習，在技術上獲得飛躍的進步，使得許多聰明到令我們大感驚奇的AI陸續登場。如今Google公司等世界級大企業投入巨額資金，集結了優秀的研究者和技術人員，致力於AI的研究。在科學研究的領域不斷擴增勢力的中國，也訂下了國家戰略目標，將戮力於2030年之前成為世界第一的AI大國。

配載AI的機器以「方便的工具」形式，開始進入我們的生活當中。但是，像人類這樣什麼都行、具備綜合能力的AI尚未問世。最重要的是，對於大約60年前萌生的AI研究最初所提出的「智慧是什麼」這個疑問，似乎還沒有得到答案。

AI研究過去曾經兩度迎來大熱潮，而後熱潮消褪，現在則是處於可稱為「深度學習熱潮」的第三次AI繁榮期。今後的AI研究，到底會朝什麼方向前進呢？

想要萬能機器人成真需要什麼樣的AI？

AlphaZero是針對圍棋、將棋、西洋棋等桌上遊戲的AI。最近，針對自動駕駛、圖像辨識等等的AI也開始在真實生活中發揮功能。這些針對特定課題的AI稱為「專用型AI」。

如果這種專用型AI繼續進化下去，那麼在家裡打掃也好、料理也好、什麼都會做的夢幻家事機器人應該再過不久就會問世了吧？不料，

AI研究者卻認為，夢想成真的日子還早得很。因為，家事機器人應該配載的AI，不是特化型AI，而是目前還看不到影子的「通用型AI」。

「通用型AI」就是能夠因應未知課題的AI

通用型AI是什麼樣的AI呢？專用型AI之一的AlphaZero是設計成能夠下圍棋，也能夠下將

「專用型AI」和「通用型AI」的差異

左頁所示為「專用型AI」的例子，右頁所示為「通用型AI」的例子。足可稱為通用型的AI還沒有問世，許多研究者還在孜孜不倦地為它的夢想成真而努力研究。

符合這個條件的餐廳有5間

智慧型音箱配載AI

圍棋AI

專用型AI是什麼？

針對圍棋、自動駕駛、智慧型音箱、臉部辨識等特定課題的AI為專用型AI。它的特徵是，由於課題已經鎖定，AI的設計相對容易，性能的評價也比較容易。

　自動駕駛AI

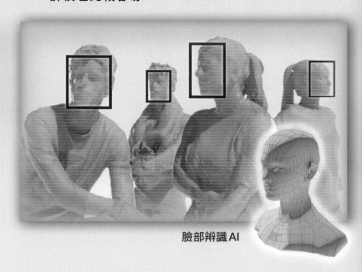

臉部辨識AI

棋和西洋棋，但它不會開車。自動駕駛汽車的AI設計成能夠開車，但不會操控飛機。專用型AI只能執行當初設計它的人預先所設定的特定課題。

　　相對地，通用型AI則是能夠處理沒有預設的未知課題的AI。研究通用型AI的多玩國（DWANGO）人工智慧研究所所長山川宏博士表示：「AI的研究肇始於距今60年前。當初想像的是『近似人類的AI』，但實際上，以前做出來的，都是能夠達成西洋棋、將棋等既定目標的專用型AI。通用型AI是人工智慧研究從開始以來的夢想。」

把知識應用於臨機應變的AI能夠實現嗎？

　　製造通用型AI的困難點在什麼地方呢？山川博士說道：「拜深度學習之賜，AI已具備相當的效能，能夠從大量資料中自動獲取知識。困難的地方在於，AI還必須能夠把所獲得的知識做妥適的組合，並且沿用、轉用於其他場合，去處理各式各樣的問題。」

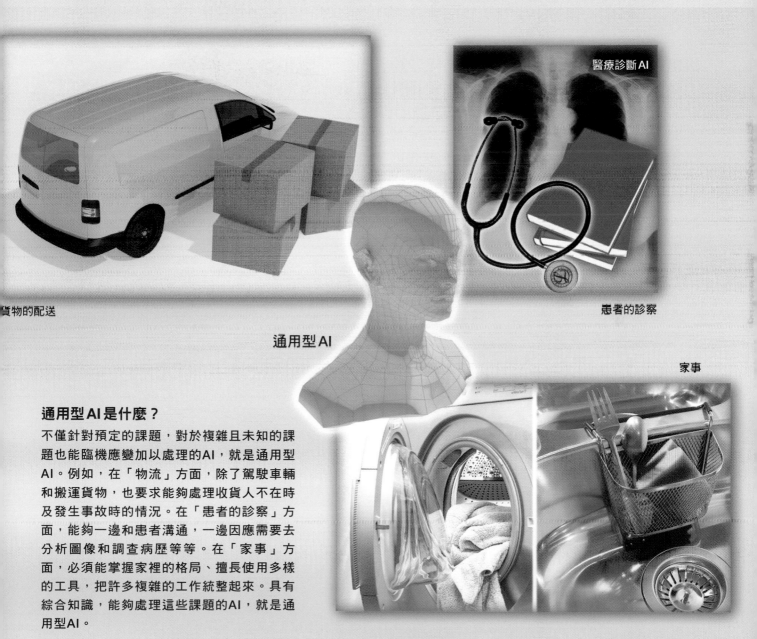

貨物的配送

醫療診斷AI

患者的診察

通用型AI

家事

通用型AI是什麼？

不僅針對預定的課題，對於複雜且未知的課題也能臨機應變加以處理的AI，就是通用型AI。例如，在「物流」方面，除了駕駛車輛和搬運貨物，也要求能夠處理收貨人不在時及發生事故時的情況。在「患者的診察」方面，能夠一邊和患者溝通，一邊因應需要去分析圖像和調查病歷等等。在「家事」方面，必須能掌握家裡的格局、擅長使用多樣的工具，把許多複雜的工作統整起來。具有綜合知識，能夠處理這些課題的AI，就是通用型AI。

通用型AI的最佳摹本就是「人腦」

在創造通用型AI的時候，有一個現成的摹本，那就是我們人類。對於剛出生的嬰兒來說，這個世界根本就是一個「未知的世界」。走路的方法、各種物體的特徵及名稱等等，嬰兒自然而然地學習。然後把學到的知識綜合起來，從而擁有在這個世界上生存下去的「常識」。

以模擬人腦的AI為目標的「全腦結構設計」

在日本，許多研究者投入「全腦結構設計」，企圖製造出模擬人腦的通用型AI。代表人物山川博士說：「模擬人腦的話，就能創造出像人類一樣的AI吧？這是自古以來就有的發想。由於神經科學的突飛猛進，闡明了腦內的結構及神經元的連結方式，如今已經有可能創造出有如人腦一般的通用型AI了。」

和山川博士一起參與全腦結構設計的日本產業技術總合研究所人工智慧研究中心的一杉裕志博士一直在關注大腦表面的「皮質」構造。

大腦皮質分成「視覺區」、「語言區」等大約50個功能區，把這些功能區連結起來的方式已經研究明白了。而且，大腦皮質從表面往內側具有6層構造，各層的神經元種類及結合方式也逐漸闡明。一杉博士說：「深度學習模擬功能區之間的階層構造，但並沒有考慮到這個6層構造。我們把包括6層構造在內的大腦皮質資訊處理加以模型化，以便驗證所納入之AI的學習性能。」

此外，大腦皮質中，掌管體驗記憶（情節記憶，episodic memory）的「海馬迴」（hippocampus）、與透過酬賞的學習有關的「大腦基底核」（basal ganglia）等等，都是透過神經元連結在一起。全腦結構設計企圖把對應於這些腦結構的構成單位（模組）做適切的組合，希望在2030年之前，能夠創造出擁有與人類相同程度的知性通用型AI。

人類大腦的結構

人類大腦分為初級運動區、初級視覺區等「功能區」。各個功能區由大腦表面2毫米厚的「大腦皮質」所構成。在任何一個功能區，大腦皮質都是由稱為「微柱」（minicolumn）的直徑0.05毫米柱狀構造集結而成。微柱在厚度方向分為6層，各層分布著既定種類的神經元。從一個神經元到另一個神經元的訊息傳遞，是在稱為「突觸」（synapse）的地方進行。

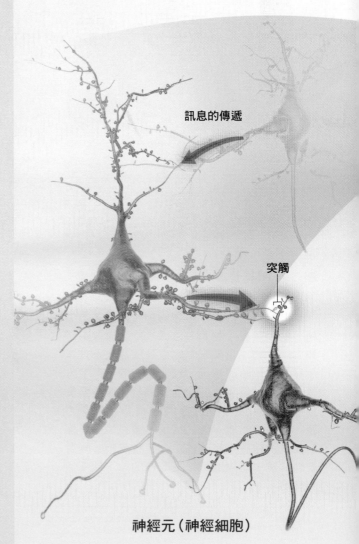

訊息的傳遞

突觸

神經元（神經細胞）

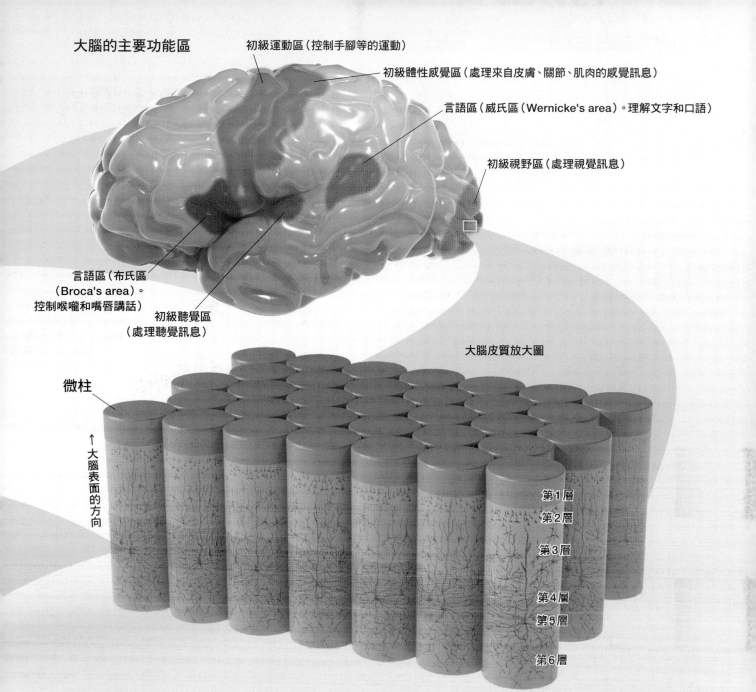

大腦的主要功能區

初級運動區（控制手腳等的運動）

初級體性感覺區（處理來自皮膚、關節、肌肉的感覺訊息）

言語區（威氏區（Wernicke's area）。理解文字和口語）

初級視野區（處理視覺訊息）

言語區（布氏區（Broca's area）。控制喉嚨和嘴唇講話）

初級聽覺區（處理聽覺訊息）

大腦皮質放大圖

微柱

↑ 大腦表面的方向

第1層
第2層
第3層
第4層
第5層
第6層

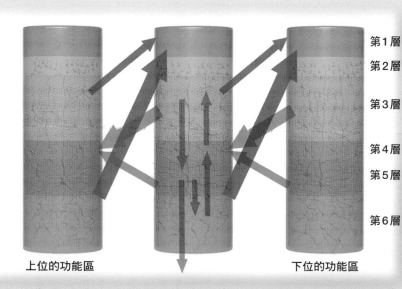

第1層
第2層
第3層
第4層
第5層
第6層

上位的功能區　　　　下位的功能區

6 層構造與訊息的傳遞

大腦功能區之間具有階層構造（上下關係）。從下位傳到上位的訊息，由下位功能區的第 3 層和第 5 層輸出，往上位功能區的第 4 層輸入（藍色箭頭）。另一方面，從上位傳到下位的訊息，則由上位功能區的第 3 層和第 5、6 層輸出，往下位功能區的第 1 層輸入（紅色箭頭）。在各個功能區裡，有灰色箭頭所示的訊息流動方向。

用來學習真實世界的「身體」使AI更接近人類

「智慧不能沒有身體。我是這麼認為的。」說這句話的人,就是日本立命館大學的谷口忠大教授。谷口教授所研究的是創造出自行學習語言及概念的機器人,以求理解智慧的「符號創發機器人學」。他認為:「如果把做為工具十分便利的東西稱為智慧,那麼專用型AI綽綽有餘。但是,人類是透過感覺器官獲取資訊,透過手腳在環境中行動,從真實世界學習各式各樣的概念。AI若要接近這樣的自律性智慧,那

麼擁有身體是必然的。」

擁有身體的機器人能夠獲得「概念」

另一位和谷口教授一起致力於闡明「人類智慧的機制」之智慧機器人研究者,是日本大阪大學的長井隆行教授。

嬰兒和兒童會觀察眼前的物品,或用手去拿,搖一搖,聽聽看有沒有聲音。也會從旁人說的話,學會物品的名稱。長井教授等人所進

獲得概念的機器人

實驗者正在對長井教授等人開發的機器人說話,給予各種物品的場景。透過視覺、聽覺、觸覺這3種感測器獲取訊息,做複合性的學習,而能夠依據「柔軟的東西」、「會發聲的東西」等各種特徵把物品分類。長井教授認為,這就相當於人類獲得概念的方式。

行的研究工作，就是讓機器像人類一樣地進行學習。

　　長井教授等人的機器人具有視覺、聽覺、觸覺的感測器和抓取物品的手。機器人逐一看過布偶、樂器等物品，抓一抓調查它的硬度，搖一搖聽聽它會不會發出聲音。同時，聆聽旁邊的實驗者對它說「這是柔軟的」、「藍色的」等聲音，學習其中所含的單詞。進行這種機器學習的結果，機器人學會了把500個物品分到形狀及硬度等特徵相近的各個群組（見左下圖）。長井教授說：「機器人和嬰兒一樣，自律性地學習各種概念和語言。」

機器人研究和AI研究攜手合作的時候

　　波士頓動力公司（Boston Dynamics）因開發出身體機能優異的機器人，而受到眾人的矚目，和AI研究一樣，機器人工學也逐漸蓬勃地發展起來。谷口教授和長井教授異口同聲地強調機器人和AI結合的重要性。

　　谷口教授期許道：「從以前到現在，AI研究者始終很難跨入機器人工學的範疇，機器人研究者也不容易跨入AI研究的領域。我們做為把雙方結合起來的研究團隊，希望能對實現通用型AI的跨領域研究有所貢獻。」

身體機能優異的波士頓動力公司機器人

日本軟體銀行公司（Soft Bank）於2017年併購美國的波士頓動力公司，該公司在身體機能優異的機器人研發成效領先全球。左邊是兩腳步行的人形機器人「Atlas」。Atlas能在凹凸不平的路面上自然行走，而且能做出完美的翻筋斗，因而備受矚目。右邊是4腳走路的狗形機器人「Spot」，被人踢到身體也能穩穩站住不會翻倒。這些機器人的動畫可以在該公司的網站（https://www.bostondynamics.com/）看到。波士頓動力公司的雷伯特（Marc Raibert，1949～）執行長是在美國麻省理工學院（MIT）擔任教授的著名機器人工學專家。

創造出「比人類聰明的AI」有哪些課題？

如同AlphaGo所顯示的，針對某個特定的課題，專用型AI已經超越人類的能力了。但是，像人類這樣「任何課題都能處理的AI」，則到現在還沒有誕生。

開發AlphaGo的DeepMind公司，也亟於深入這個領域。該公司執行長哈薩比斯（Demis Hassabis，1976～）從人腦的機制得到靈感，打算開發更具通用性的AI。把原本只會下圍棋的AlphaGo進化成也會下西洋棋和將棋的AlphaZero，就是這個戰略的展現。專用型AI繼續發展下去的話，最後會不會進化到「什麼工作都能勝任的AI」呢？

把專用型AI集結起來會變得更聰明嗎？

也有人認為，把專用型AI集合起來，就會成為各種事情都能做的AI。想像一下，可以創造一個具備開關功能的AI，判斷是「將棋」就啟動將棋AI，判斷是「開車」就啟動自動駕駛AI，這樣不就行了？但是，多玩國人工智慧研究所山川宏博士指出實現這個想法的困難點。

他認為，「要判斷在哪個時機點委派哪個AI，這就有困難，但最大的問題是『對於事前沒有準備的課題和問題完全無法應對』。相對於此，通用型AI很重要的一點，就是對於未知的狀況也能應對。」

「通用型AI」的定義是什麼？

通用型AI的英文是「artificial general intelligence，簡稱AGI」。提出AGI概念的核心人物，是美國著名AI研究者格策爾（Ben Goertzel，1966～）。格策爾博士從2002年左右開始投入AGI的研究，2008年首次舉行AGI的國際會議。

在日本，主張把AGI翻譯成通用型AI的人物之一是山川博士。他解釋道：「依照英文直譯，AGI應該譯成『人工一般智慧』。但是，AGI的對立概念是『narrow AI』（狹隘AI），而這個名稱我們已經譯成『專用型AI』。做為專用的對立概念，譯成『通用』比較恰當。」

格策爾博士對通用型AI（AGI）的定義是「利用有限的計算能力，在複雜環境中達成複雜目標的AI」。這與在特定環境中達成特定目標的「專用型AI」正好形成對比。

通用型AI的判定基準「咖啡測試」是什麼呢？

具體而言，究竟要能夠做哪些事情，才夠資格稱為通用型AI呢？有人提出了「咖啡測試」（CAFFE Test，其中的CAFFE是Convolutional Architecture for Fast Feature Embedding的縮寫，意即：快速特徵嵌入的卷積結構）做為判定基準。「進入不知道格局的住宅中，泡一杯咖啡。」如果能做到這件事，就可稱之為通用型AI。由於這個測

AI的課題「符號接地問題」是什麼

AI有一個很大的問題是「符號接地問題」（symbol grounding problem）。這是認知心理學家哈納德（Stevan Harnad，1945～）於1990年提出的理論。

在理解眼前世界所發生的事物時，我們會無意識地把符號（symbol）和它所意味的事物連結起來（grounding）。例如，當看到馬在眼前奔跑的瞬間，我們的腦能夠把「馬」這個符號（名稱）連結到那個奔跑的東西上。相反地，當看到「馬」這個符號（名稱）的瞬間，就會浮現出它所意味的馬的姿態。唯因如此，我們才能學會「馬」這個概念。

因此，對於AI來說，它能夠把符號及其所意味的事物連結起來嗎？讓AI讀取大量的「馬的影像」，同時給予「馬」的標籤，它應該能夠藉由機器學習，之後一看到馬的影像就推測出那是「馬」吧！

但是，那真的代表AI具備了「馬」的概念嗎？這個AI就連馬體的皮膚觸感和味道都不知道。透過這樣的研討，也有一些AI研究者認為，若要真正地具備和人類獲得的概念相同意義的概念，則AI必須也要擁有身體才行。

試源自美國Apple公司的一位創立人沃茲尼亞克（Stephen Gary Wozniak，1950～），他曾經預言的「進入不明狀況的家裡泡咖啡的機器，我們絕對做不出來吧！」所以也稱為「沃茲尼亞克測試」。

對於人類來說，想要通過咖啡測試相當容易。即使是第一次上門，首先打開大門（或按門鈴請人開門），進入屋內找到廚房，拿出咖啡機，放入咖啡豆和水就行了。

但是，對於AI來說可就問題重重。首先，必須理解「住宅」是什麼東西？「廚房」是什麼東西？「咖啡」是什麼東西？（這稱為「符號接地問題」，參閱左頁邊欄）然後，大門應該推或拉？沒有咖啡機的話該怎麼辦？諸如此類，有非常多的事情必須做判斷。然而，我們人類則是依照常識，把許多應該考慮的事情都納入無意識了。AI能不能獲取這些常識，和通用型AI的實現有很大的關係。

通用型AI掌握著「奇異點」實現的關鍵

美國的AI研究者庫茲維爾（Raymond Kurzweil，1948～）在其2005年的著作中提到「奇異點」（singularity）這個名詞而廣為人知。所謂的奇異點，是指AI自行改善AI，加速度地提升其智慧能力，終於達到人類無法預測它未來會進步到什麼程度的狀態。庫茲維爾預測奇異點將會在2045年到來。奇異點真的會實現嗎？專家之間的意見也並不一致。

奇異點實現的條件，在於AI擁有「能夠改寫自己的程式‧演算法來改善自己」的能力。這件事有一個專門的術語，叫做「再歸性自我改善」。

山川博士認為，再歸性自我改善必須要有產生新東西的創造性，而通用型AI正擁有這樣的創造性。也就是說，通用型AI的實現正是帶來奇異點的重要因素。

會出現擁有意識和感情的AI嗎？

人類不僅具有智慧，也具有意識和感情等精

正在接受訪問的多玩國人工智慧研究所所長山川宏博士。投入類神經網路的研究，並參與理化學研究所的「將棋計畫」，進行產生直覺的神經機制的研究。

神上的認知。未來有可能出現擁有這種人性的AI嗎？山川博士說：「我們正在研究的全腦結構設計，企圖把人腦結構之中，大腦皮質、大腦基底核、海馬迴、小腦等在學習及預測上很重要的模組加以組合，以求實現通用型AI。如果掌控感情及情緒的模組也能夠納進來，就會成為更近似人類的AI吧！」

AI（人工智慧）的研究，也可以說是在為了理解「人類的智慧是什麼」而努力。越接近這個問題的答案，或許越能找到「AI會變得比人類更聰明嗎」這個問題的答案。

🪐

人人伽利略 科學叢書 01

太陽系大圖鑑

徹底解說太陽系的成員以及
從誕生到未來的所有過程！　　售價：450元

　　本書除介紹構成太陽系的成員外，還藉由精美的插畫，從太陽系的誕生一直介紹到末日，可說是市面上解說太陽系最完整的一本書。在本書的最後，還附上與近年來備受矚目之衛星、小行星等相關的報導，以及由太空探測器所拍攝最新天體圖像。我們的太陽系就是這樣的精彩多姿，且讓我們來一探究竟吧！

人人伽利略 科學叢書 03

完全圖解元素與週期表

解讀美麗的週期表與
全部118種元素！　　售價：450元

　　所謂元素，就是這個世界所有物質的根本，不管是地球、空氣、人體等等，都是由碳、氧、氮、鐵等許許多多的元素所構成。元素的發現史是人類探究世界根源成分的歷史。彙整了目前發現的118種化學元素而成的「元素週期表」可以說是人類科學知識的集大成。

　　本書利用豐富的插圖以深入淺出的方式詳細介紹元素與週期表，讀者很容易就能明白元素週期表看起來如此複雜的原因，也能清楚理解各種元素的特性和應用。

人人伽利略 科學叢書 04

國中·高中化學

讓人愛上化學的視覺讀本　　售價：420元

　　「化學」就是研究物質性質、反應的學問。所有的物質、生活中的各種現象都是化學的對象，而我們的生活充滿了化學的成果，了解化學，對於我們所面臨的各種狀況的了解與處理應該都有幫助。

　　本書從了解物質的根源「原子」的本質開始，再詳盡介紹化學的導覽地圖「週期表」、化學鍵結、生活中的化學反應、以碳為主角的有機化學等等。希望對正在學習化學的學生、想要重溫學生生涯的大人們，都能因本書而受益。

人人伽利略 科學叢書 09

單位與定律　　完整探討生活周遭的單位與定律！　　售價：400元

　　本國際度量衡大會就長度、質量、時間、電流、溫度、物質量、光度這7個量，制訂了全球通用的單位。2019年5月，針對這些基本單位之中的「公斤」、「安培」、「莫耳」、「克耳文」的定義又作了最新的變更。本書也將對「相對性原理」、「光速不變原理」、「自由落體定律」、「佛萊明左手定律」等等，這些在探究科學時不可或缺的重要原理和定律做徹底的介紹。請盡情享受科學的樂趣吧！

★國立臺灣大學物理系退休教授　曹培熙　審訂、推薦

人人伽利略 科學叢書 11

國中・高中物理　　徹底了解萬物運行的規則！　　售價：380元

　　物理學是探究潛藏於自然界之「規則」（律）的一門學問。人類驅使著發現的「規則」，讓探測器飛到太空，也藉著「規則」讓汽車行駛，也能利用智慧手機進行各種資訊的傳遞。倘若有人對這種貌似「非常困難」的物理學敬而遠之的話，就要錯失了解轉動這個世界之「規則」的機會。這是多麼可惜的事啊！

★國立臺灣大學物理系教授　陳義裕　審訂、推薦

人人伽利略 科學叢書 12

量子論縱覽　　從量子論的基本概念到量子電腦　　售價：450元

　　本書是日本Newton出版社發行別冊《量子論增補第4版》的修訂版。本書除了有許多淺顯易懂且趣味盎然的內容之外，對於提出科幻般之世界觀的「多世界詮釋」等量子論的獨特「詮釋」，也用了不少篇幅做了詳細的介紹。此外，也收錄多篇介紹近年來急速發展的「量子電腦」和「量子遙傳」的文章。

★國立臺灣大學物理系退休教授　曹培熙　審訂、推薦

人人伽利略 科學叢書 10

用數學了解宇宙

只需高中數學就能
計算整個宇宙！

售價：350元

　　每當我們看到美麗的天文圖片時，都會被宇宙和天體的美麗所感動！遼闊的宇宙還有許多深奧的問題等待我們去了解。

　　本書對各種天文現象就它的物理性質做淺顯易懂的說明。再舉出具體的例子，說明這些現象的物理量要如何測量與計算。計算方法絕大部分只有乘法和除法，偶爾會出現微積分等等。但是，只須大致了解它的涵義即可，儘管繼續往前閱讀下去瞭解天文的奧祕。

★台北市天文協會監事 陶蕃麟 審訂、推薦

人人伽利略 科學叢書 19

三角函數　　sin、cos、tan

售價：450元

　　許多人學習三角函數只是為了考試，從此再沒用過，但三角函數是多種技術的基礎概念，可說是奠基現代社會不可缺少的重要角色。

　　本書除了介紹三角函數的起源、概念與用途，詳細解說公式的演算過程，還擴及三角函數微分與積分運算、相關函數，更進一步介紹源自三角函數、廣泛應用於各界的代表性工具「傅立葉分析」、量子力學、音樂合成、地震分析等與生活息息相關的應用領域，不只可以加強基礎，還可以進階學習，是培養學習素養不可多得的讀物。

人人伽利略 科學叢書 24

統計與機率　　從基礎至貝氏統計

售價：450元

　　機率的目的是計算出還沒發生的事情，發生的可能性有多高；而統計則是將人的行為或特徵數據化，再用數學加以分析，例如常見的國民所得、失業率、電視台收視率等。了解統計與機率，可以對生活中的這類數據做出合理判斷，不受誤導。而電腦篩選垃圾信件、人工智慧辨識形狀、病名診斷，也都運用到統計的觀念。尤其是在大數據受到重視之後，受過統計訓練的人才更是炙手可熱。

人人伽利略 科學叢書 13

從零開始讀懂心理學

適合運用在生活中的行為科學　　　　售價：350元

　　心理學即是研究肉眼無法看到之心理作用及活動，而了解自己與他人的心理，對我們的日常生活會有極大幫助。

　　本書先從心理學的主要發展簡單入門，再有系統且完整地帶領讀者認識不同領域的理論與應用方式。舉凡我們最關心的個人性格、人際關係與團體、記憶、年紀發展等，都在書中做了提綱挈領的闡述說明，可藉此更瞭解自己、瞭解社會、及個人與社會間的關係。

★國立臺灣大學特聘教授／臺大醫院神經部主治醫師 郭鐘金審訂、推薦

人人伽利略 科學叢書 14

飲食與營養科學百科

人體的吸收機制和11種症狀的飲食方法　　　售價：350元

　　「這樣吃真的健康嗎？」「網路資訊可信嗎？」本書內容涵蓋生理學、營養學和家庭醫學，帶您循序漸進，破除常見的健康迷思，學習營養素的種類、缺乏時會造成的症狀、時下流行的飲食法分析，以及常見疾病適合的飲食方式等等。無論是對消化機制有興趣、注重健康，或是想瘦身的讀者都能提供幫助！想過健康的生活，正確飲食絕對是必要的。本書教你如何吃才「正確」，零基礎也能快速理解！

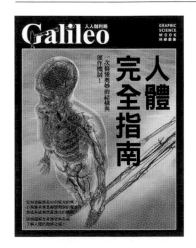

人人伽利略 科學叢書 21

人體完全指南　一次搞懂奧妙的結構與運作機制！　售價：500元

　　大家對自己的身體了解多少呢？你們知道每次呼吸約可吸取多少氧氣？從心臟輸出的血液在體內循環一圈要多久時間呢？其實大家對自己身體的了解程度，並沒有想像中那麼多。

　　本書用豐富圖解彙整巧妙的人體構造與機能，除能了解各重要器官、系統的功能與相關疾病外，也專篇介紹從受精卵形成人體的過程，更特別探討目前留在人體上的演化痕跡，除了智齒跟盲腸外，還有哪些是正在退化中的部位呢？翻開此書，帶你重新認識人體不可思議的構造！

人人伽利略 科學叢書 08

身體的檢查數值

詳細了解健康檢查的
數值意義與疾病訊號　　　售價：400元

　　健康檢查不僅能及早發現疾病，也是矯正我們生活習慣的契機，對每個人來說都非常重要。

　　本書除了帶大家解讀健康檢查結果，了解WBC、RBC、PLT等數值的涵義，還將檢查報告中出現紅字的項目，羅列醫生的忠告與建議，可借機認識多種疾病的成因與預防方法，希望可以對各位讀者的健康有幫助。

人人伽利略 科學叢書 22

藥物科學　　藥物機制及深奧的新藥研發世界　　售價：500元

　　藥物對我們是不可或缺的存在，然而「藥效」是指什麼？為什麼藥往往會有「副作用」？本書以淺顯易懂的方式，從基礎解說藥物的機轉。

　　新藥研發約須耗時15～20年，經費動輒百億新台幣，相當艱辛。研究者究竟是如何在多如繁星的化合物中開發出治療效果卓越的新藥呢？在此一探深奧的新藥研發世界，另外請隨著專訪了解劃時代藥物的詳細研究內容，並與開發者一起回顧新藥開發的過程。最後根據疾病別分類列出186種藥物，敬請讀者充分活用我們為您準備的醫藥彙典。

★國立臺灣大學特聘教授、臺大醫院神經部主治醫師　郭鐘金老師　審訂、推薦

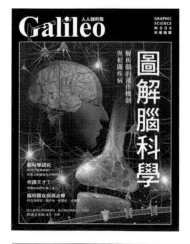

人人伽利略 科學叢書 23

圖解腦科學　　解析腦的運作機制與相關疾病　　售價：500元

　　「腦」至今仍藏有許多未解謎題，科學家們持續探究其到底是如何讓我們思考、記憶、表達喜怒哀樂，支配我們的日常活動？本書一探學習與記憶的形成機制，並彙整腦科學研究的最新進展，讓我們了解阿茲海默症、憂鬱症、腦中風的成因與預防方法等，也以科學角度解說許多網路謠言，讓我們得以用更正確的態度面對。

★國立臺灣大學特聘教授、臺大醫院神經部主治醫師　郭鐘金老師　審訂、推薦

環繞著數字的奇幻數學物語登場

數之女王

在這個被數字掌管的世界，每個人都有自己的「命運數」。

娜婕一直因為自己的數不像王妃的命運數那麼強大美麗而自卑。

但有一天，她發現自己的姊姊可能就是被王妃所謀殺的。

在尋找真相的過程中，她無意間進入鏡子的世界，遇到了一群友善的妖精，

沒想到他們竟然也與姊姊的案件有關，還發現了王妃不為人知的祕密……。

大家要怎麼阻止命運數被吞噬，如何揭露這場精心布置的陰謀呢？

適合10～15歲的學生當課外讀物
兼具奇幻故事與數學讀物的雙重魅力
書末附公式解說，幫助閱讀理解

備受好評的日本新銳小說家──川添愛 奇幻新作

2021年7月 揭開真相

人人出版

【 人人伽利略系列 06 】

全面了解人工智慧 工作篇
醫療、經營、投資、藝術……，AI逐步深入生活層面

作者／日本Newton Press

執行副總編輯／賴貞秀

翻譯／黃經良

校對／陳育仁

審訂／謝邦昌

商標設計／吉松薛爾

發行人／周元白

出版者／人人出版股份有限公司

地址／23145 新北市新店區寶橋路235巷6弄6號7樓

電話／（02）2918-3366（代表號）

傳真／（02）2914-0000

網址／www.jjp.com.tw

郵政劃撥帳號／16402311 人人出版股份有限公司

製版印刷／長城製版印刷股份有限公司

電話／（02）2918-3366（代表號）

經銷商／聯合發行股份有限公司

電話／（02）2917-8022

第一版第一刷／2020年1月

第一版第二刷／2021年5月

定價／新台幣350元
　　　港幣117元

國家圖書館出版品預行編目（CIP）資料

全面了解人工智慧・工作篇：醫療、經營、投資、
藝術......,AI逐步深入生活層面／日本Newton Press
作；黃經良翻譯. — 第一版. — 新北市：人人，2020.01
面；公分. —（人人伽利略系列；6）

譯自：ゼロからわかる人工知能. 仕事編裝
ISBN 978-986-461-203-1（平裝）

1.人工智慧 2.生活科技

312.83　　　　　　　　　　　108020750

Staff

Editorial Management	木村直之
Editorial Staff	遠津早紀子

Photograph

3	Zapp2Photo / shutterstock.com, Obvious, © 2016 SQUARE ENIX CO., LTD. All Rights Reserved. MAIN CHARACTER DESIGN: TETSUYA NOMURA, 大阪大学 長井隆行	52～53	千葉大学フロンティア医工学センター		技術科学大学 上野未貴）
		56	picture alliance/アフロ	104	作画・鈴木市規（シナリオ・㈱スポマ 播村早紀／豊橋技術科学大学 上野 未貴）
5	© 2016 SQUARE ENIX CO., LTD. All Rights Reserved. MAIN CHARACTER DESIGN: TETSUYA NOMURA	59	富士通研究所, 内閣府 南海トラフの巨大地震モデル検討会		
		60	Vadim Ponomarenko/ shutterstock.com	105	作画・鈴木市規（シナリオ・㈱スポマ 播村早紀／豊橋技術科学大学 上野 未貴），作画・浦田カズヒロ（シナリオ・㈱スポマ 播村早紀／豊橋技術科学大学 上野未貴）
		61	産業技術総合研究所 大西正輝		
8～9	© 2017 OSAKA UNIVERSITY. & CyberAgent, Inc., Obvious, 作画・浦田カズヒロ（シナリオ・㈱スポマ 播村早紀／豊橋技術科学大学 上野未貴）, © 2018 F.D. C. PRODUCTS INC., © 2016 SQUARE ENIX CO., LTD. All Rights Reserved. MAIN CHARACTER DESIGN: TETSUYA NOMURA	63	産業技術総合研究所 大西正輝	107	安友康博/Newton Press
		67	産業技術総合研究所 大西正輝	110	安友康博/Newton Press
		68	富士通研究所, 内閣府 南海トラフの巨大地震モデル検討会	115	安友康博/Newton Press
		69	富士通研究所	117	© 2016 SQUARE ENIX CO., LTD. All Rights Reserved. MAIN CHARACTER DESIGN: TETSUYA NOMURA
		71	富士通研究所		
		75	情報通信研究機構（NICT）		
10-11	Laurent T / shutterstock.com	77～79	Zapp2Photo / shutterstock.com	120	© 2016 SQUARE ENIX CO., LTD. All Rights Reserved. MAIN CHARACTER DESIGN: TETSUYA NOMURA
12-13	tomertu / shutterstock.com	80～81	サインポスト株式会社		
16-17	Tempe Police Department/AP/アフロ	82	© 2017 OSAKA UNIVERSITY. & CyberAgent, Inc.		
17	ABC-15.com/AP/アフロ, Tempe Police Department/AP/アフロ	83	© 2018 F.D. C. PRODUCTS INC.	126	imaginechina/アフロ, AP/アフロ
		84-85	Photographee.eu / shutterstock.com	129	ING and J. Walter Thompson Amsterdam
22～23	株式会社ティアフォー	86-87	T.TATSU / shutterstock.com	134	大阪大学 長井隆行
24～25	オムロン株式会社	89	安友康博/Newton Press	135	Rodrigo Reyes Marin/アフロ
32	AP/アフロ	91	安友康博/Newton Press	137	安友康博/Newton Press
33	東洋経済/アフロ, AFP/アフロ	97	ING and J. Walter Thompson Amsterdam		
50	慶應義塾大学医学部精神・神経科学教室/UNDERPINプロジェクト/CREST	98	Gift of Mary L. Cassilly, 1894		
		100	東京工業大学 小長谷明彦		
		101	ING and J. Walter Thompson Amsterdam, Obvious		
		102	作画・浦田カズヒロ（シナリオ・㈱スポマ 播村早紀／豊橋		

Illustration

Cover Design	デザイン室 宮川愛理（イラスト：Newton Press）	29～31	Newton Press	55	Newton Press
2	Newton Press	34～37	Newton Press	61	デザイン室 吉増麻里子
5	Newton Press（りんな, 渋谷みらい, りんお：マイクロソフトディベロップメント株式会社）, Newton Pres	38～39	Newton Press（りんな：マイクロソフトディベロップメント株式会社）	64～66	デザイン室 吉増麻里子
				70～71	デザイン室 羽田野々花
6	Newton Press（りんな：マイクロソフトディベロップメント株式会社）, Newton Press（りんな, 渋谷みらい, りんお：マイクロソフトディベロップメント株式会社）, デザイン室 羽田野々花	40～41	Newton Press（りんな, 渋谷みらい, りんお：マイクロソフトディベロップメント株式会社）	73～74	デザイン室 羽田野々花
		43	Newton Press	93	デザイン室 吉増麻里子
		45	Newton Press	95	デザイン室 吉増麻里子
7	Newton Press	46-47	Newton Press（断層画像：エルピクセル株式会社, 画像ビューワー：株式会社NOBORI）	125	Newton Press
15	Newton Press			128	Newton Press
18～21	Newton Press	48-49	Newton Press（断層画像：エルピクセル株式会社, データ入力画面：株式会社エムネス）	129	ING and J. Walter Thompson Amsterdam
25	Newton Press			130～133	Newton Press
27	Newton Press	51	Newton Press	表4	Newton Press